育儿必修课
医生与你面对面

钟乐 / 主编

电子工业出版社
Publishing House of Electronics Industry
北京 · BEIJING

图书在版编目(CIP)数据

育儿必修课：医生与你面对面 / 钟乐主编.—北京：电子工业出版社，2022.2

ISBN 978-7-121-42649-0

Ⅰ.①育…　Ⅱ.①钟…　Ⅲ.①婴幼儿－哺育－基本知识　Ⅳ.①TS976.31

中国版本图书馆CIP数据核字（2022）第015169号

责任编辑：杨雅琳

印　　刷：中国电影出版社印刷厂

装　　订：中国电影出版社印刷厂

出版发行：电子工业出版社
　　　　　北京市海淀区万寿路173信箱　邮编：100036

开　　本：720×1000　1/16　印张：16　字数：205千字

版　　次：2022年2月第1版

印　　次：2022年3月第2次印刷

定　　价：78.00元

凡所购买电子工业出版社图书有缺损问题，请向购买书店调换。若书店售缺，请与本社发行部联系，联系及邮购电话：（010）88254888，88258888。

质量投诉请发邮件至zlts@phei.com.cn，盗版侵权举报请发邮件至dbqq@phei.com.cn。

本书咨询联系方式：（010）88254210。influence@phei.com.cn，微信号：yingxianglibook。

目　录

专栏一

宝宝来了，
你准备好了吗

朱咏贵

卓正医疗儿科、儿童保健医生
中南大学湘雅医学院硕士

001 新手妈妈焦虑多　儿科医生来解惑

相信很多妈妈跟我有类似的经历：知道自己有孕后，有事没事就要摸一摸肚子。尤其在第一次感受到胎动的时候，兴奋得不知道如何是好。肚子一天天隆起，而后是宝宝呱呱坠地，除了欣喜，由于缺乏经验而引起的焦虑也渐渐增多：一些"随大流"淘的物品有可能会伤害宝宝的健康；听从别人的建议，停掉母乳改用奶粉，以致宝宝错过最好的营养；对疫苗不够了解，没有及时给宝宝最好的防护等。

为了避免这样或那样的遗憾，咱们主要针对这些焦虑"重灾区"好好聊一聊，我们也会讲到新生儿的物品购置、喂养、睡眠、疫苗、健康安全等问题，当然，对产后妈妈来说，最重要的心理健康问题我们也会涉及。

002 宝宝用品不可少　科学购买省钱包

为了迎接即将出生的宝宝，准爸爸、准妈妈会准备很多用品。

我们来看一看，哪些用品是必须要购买的，哪些用品实际上是"坑"，可以直接跳过去。

首先，我们要说的是奶瓶和配方奶粉。很多人都担心产后妈妈头一两天母乳少，宝宝会吃不饱，从而提前准备好奶瓶和配方奶粉。事实上，在绝大多数情况下，妈妈产生的乳汁和宝宝的需求是匹配的。如果在非必要情况下给宝宝使用了奶瓶，宝宝可能会由于"乳头混淆"或肚子不饿等原因，减少吸吮妈妈乳头的次数，从而导致乳汁减少。这非常不利于母乳喂养。

如果需要使用奶瓶喂养配方奶粉或母乳，我们很容易就可以在母婴店购买到，并不需要提前对奶瓶和配方奶粉进行囤货。

其次，市面上有各类奶瓶清洁剂或消毒锅，我们有必要购买吗？

这些其实是不必要的，因为中国多数家庭使用的是含氯的自来水，一般来说，对宝宝的奶瓶、餐具进行消毒，只需要使用热水和餐具清洁剂就可以了。如果实在不放心，可以定期将奶瓶、餐具用水煮沸 5 ~ 10 分钟进行消毒。要知道，完全无菌的环境对宝宝来说，并不一定是好的。

最后，我们来聊聊那些需要准备的用品。

电动吸奶器是我个人比较推荐购买的一个用品，在母乳喂养规律成功建立前，很多妈妈可能会遇到供需不平衡的问题，有的妈妈可能需要更多的泌乳刺激以增加产量，还有很多妈妈愿意在产假结束前为宝宝多储备一些"口粮"。吸奶器可以帮助我们解决供需不平衡的问题。因为手动吸奶器效率比较低，需要消耗更多的力气和时间，所以我推荐购买电动吸奶器。

婴儿床是必须买的用品。但挑选婴儿床时需要十分注意以下细节：第一，围栏的立柱间距必须小于 6 厘米，避免宝宝的头从立柱间伸出而卡住引起窒息。第二，床头、床尾没有复杂的镂空或雕饰，避免勾住宝宝的衣物，或者卡住宝宝的头、肢体。第三，床的四个角柱要么与床围栏的高度平齐，要么非常高，避免其勾住宝宝的衣物发生危险。第四，床垫的大小要完全贴合床的内部尺寸，床垫上缘距离围栏上缘的高度不小于 65 厘米。

纸尿裤当然也少不了，是必须购买的。一些家庭依旧保持使用传统尿布的习惯，这也是可以的。与传统尿布相比，纸尿裤吸水性更好、舒适性更高，使用纸尿裤也可以减少洗尿布的工作量，但相对来说花费会更高。值得提醒的是，因为婴儿生长速度快，NB 码和 S 码纸尿裤不要囤太多。

背巾或腰凳这类产品，可以根据个人习惯购买，在外出时使用它们可以解放双手。

再就是衣帽、鞋袜。可以根据宝宝出生的季节和室内温度，提前准备 3 ~ 4 套室内穿着的衣物。我们建议购买包屁衣、连体衣；鞋子不是必需品，即使宝宝在学走路的时候，也是光脚走更有利于足底感觉的发育。另外，还可以多准备几条不同颜色的方巾或小毛巾，在洗脸、洗屁股、喂奶等情形下使用。

⌒ 003 分娩计划提前订　未雨绸缪早当先

在进入预产期前，孕妇应该拜访妇产科医生，提前了解生产经历，并制订自己的分娩计划。

大家都知道顺产的好处很多，如有利于产妇产后恢复，新生儿通过产道的挤压也能够更好地适应外界环境。在一般情况下，只要没有禁忌证，医生也会建议产妇尽量顺产；当然，也有很多产妇担心不能耐受生产的疼痛，从而主动选择剖宫产。

目前，很多医院都提供无痛分娩，这种方法已经在国外得到了广泛的应用。有人担心无痛分娩会对产妇造成后遗症或对宝宝有影响。事实上，大量数据表明，无痛分娩不会引起产妇长期的背痛，不会延长产程，也不会提高剖宫产的概率，更不会对新生儿造成不良影响。相反，由于有了无痛分娩，可以极大地减轻产妇在产程中的疼痛，减少产妇的体力消耗，从而有利于宝宝顺利娩出。

如果有医学上的禁忌证，不得不选择剖宫产，需要产妇及其家属与妇产科医生仔细讨论细节。这里，我们补充一个小知识：在生产中，对健康新生儿会延迟结扎脐带，这样做是为了预防贫血。

宝宝一出生，医生就会给宝宝打一针维生素 K1，这是用来防治新生儿出血症的，如果家长看到医护人员有如此操作请不要太担心。

ᘓᘓ 004 母乳喂养要闯关　提前知晓不畏难

随着认知水平的提高，大家都更加重视母乳喂养。作为新妈妈，在坚持母乳喂养的过程中，仍然会遇到一些难题，动摇母乳喂养的决心。常见的情境有以下几种，妈妈们，你们可以轻松应对吗？

情境一： 宝宝出生后，医护人员会把宝宝抱过来让妈妈哺乳，这时妈妈发现没有乳汁出来。在这种情况下，要不要给宝宝喂配方奶粉呢？一般来说，分娩后 1 小时左右是开始母乳喂养的黄金时间，因为这时候的宝宝反应机敏，非常渴望乳汁。妈妈在孕期已经开始产乳汁，有些妈妈在宝宝出生前就会有少量乳汁溢出。只是初乳的量很少，而且一开始宝宝不一定能够正确含住乳头，看起来就像妈妈没有乳汁。其实这只是假象，可以让宝宝多试几次，或者在专业人员的指导下调整哺乳的姿势。

妈妈的乳房产生乳汁的能力，通常是和宝宝的胃容量相匹配的。前一两天宝宝胃容量很小，不需要太多的乳汁，所以妈妈的乳汁产生得也很少。在产后的第一天，宝宝的胃容量只有 5 ~ 7 毫升，相当于一个小樱桃的大小，一天 24 小时吃奶的总量大约只有 30 毫升。到了产后第三天，宝宝的胃容量大概是 30 毫升，相当于一个核桃那么大，这个时候，妈妈的乳房基本上进入泌乳二期了，乳汁开始变得多了，也就是俗称的"下奶"。

在新生儿期，不要看到宝宝睡得不踏实，或者吃完奶很快就哭了，就认为宝宝没吃够，妈妈的乳汁是否充足，关键要看宝宝的体重增长情况和大小便次数。在经历了出生后前几天的生理性减重后，足月新生儿通常在出生后 10 ~ 14 天恢复到出生时的体重，前 3 个月体重大约每天增加 30 克。关于宝宝的大小便情况，我们可以通过观察纸尿裤，判断新生儿是不是吃得足够（见表 1-1）。一般是第一天至少 1 个纸尿裤，第二天至少 2 个，第三天至少 3 个，第 4 天及以后每天至少 6 ~ 8 个，尿是清澈的。

表 1-1　正常情况下新生儿的大小便情况

观察纸尿裤		
日	尿　量	大便次数
第 1 天	1 个或多个纸尿裤	一次或多次胎粪大便
第 2 天	2 个或更多纸尿裤	一次或多次胎粪 / 过渡性大便
第 3 天	3 个或更多纸尿裤	过渡性大便
第 4 天	6~8 个纸尿裤，有澄清的尿	柔和的黄色，凝乳状（至少每天一次）

情境二：老人说，乳汁像清水一样，没有什么营养，挤掉！让宝宝喝更浓稠的部分。

在宝宝刚出生时，妈妈分泌的清水一样的乳汁是初乳，虽然初乳的量很少，但是含有更多的蛋白质、盐分、抗体和免疫物质。初乳能够帮助宝宝完善自己的免疫系统，非常宝贵，一定要珍惜。

情境三：宝宝吃了母乳后，不到 1 小时，就哭闹着又要吃奶。隔壁床宝宝吃的是配方奶粉，睡得就安稳多了，家人说，这是因为妈妈奶量不够，宝宝没有吃饱，要添加配方奶粉才行。这时，你怎么应对呢？

与配方奶粉喂养的宝宝相比，母乳喂养的宝宝更容易醒来，吃奶间隔时间更短，一方面，配方奶粉中含有较多的酪蛋白，不易消化，宝宝需要将更多的血液供应胃肠道，从而导致大脑昏昏欲睡。另一方面，婴儿早期频繁醒来是对自己的一种保护，大量研究表明，母乳喂养能够降低婴儿猝死综合征的概率，因为从睡眠中醒来的能力是避免婴儿猝死综合征发生的一项重要技能。

情境四：宝宝吐奶。宝宝吐奶是每个妈妈都会遇到的小状况。

宝宝吐奶是非常常见的，大部分情况是由于婴儿胃呈水平位，食管下端括约肌功能发育不成熟，胃内食物容易返流至食管，随着年龄的增长，大多数宝宝吐奶情况会好转。针对宝宝吐奶的情况，我们的建议是在宝宝吃奶后拍嗝，并在吃奶后半小时内尽量保持宝宝上半身直立，这有助于减轻吐奶；不建议让宝宝俯卧或侧睡，因为有发生婴儿猝死综合征的风险，但可以让宝宝平躺，将头侧向一边，以免把呕吐物呛入气管。如果宝宝呕吐得很严重，体重增长不佳，我们建议带其去儿科医生处看诊。

情境五：妈妈坚持母乳喂养，有一天，妈妈发现乳头很疼，这是怎么回事？要怎么办呢？

导致哺乳时乳头疼痛的最常见原因是乳头皲裂，一般由不正确的哺乳姿势所致，可以求助于泌乳指导师。乳房的清洁只需要清水，不要使用任何碱性的清洁剂，如肥皂。除了保持乳头局部清洁，也不要佩戴不透气的乳头保护膜或防溢乳垫，哺乳后可以涂抹几滴乳汁，或者擦一点羊脂膏。

情境六：妈妈的乳房出现硬块，疼得厉害，乳房红肿，可能还有些发烧。医生说是乳腺炎，那么得了乳腺炎应该怎么办呢？要不要停止哺乳呢？

乳腺炎是由细菌感染引起的一种乳房组织感染，症状包括发热，畏寒，头痛，恶心，乳房局部发红、肿胀、触痛等，建议到妇产科或乳腺科看诊，在医生的指导下使用不影响哺乳的抗生素药物。

在妈妈患乳腺炎时，母乳本身并没有被感染，不需要停止哺乳，相反，应该让宝宝多吸吮，或者使用吸奶器排空乳汁，同时冷敷乳房局部以减轻疼痛。有些家长担心生病后用药会影响哺乳，就拒绝用药，这没有必要。哺乳期妈妈确实不能随意使用药物，但这并不代表生病了就必须硬扛，有很多药物可以在哺乳期使用，是安全的，妈妈们可以在专业医生的指导下使用。

在这里，我还想问问妈妈们，除了母乳，宝宝还需要吃什么呢？有的家长给宝宝补维生素 D，有的家长给宝宝补维生素 A 和维生素 D，有的家长给宝宝补钙，有的家长给宝宝补 DHA，有的家长给宝宝喂四磨汤、益生菌。那到底哪些才是必要的呢？

好，我来公布答案了：母乳喂养的宝宝需要补充的是维生素 D，因为不能通过食物获取足量维生素 D。美国儿科学会建议所有宝宝从出生后不久就应保证每日至少摄入 400IU 维生素 D。一般配方奶粉中已经添加了维生素 D，所以，如果宝宝每天喝的配方奶粉达到了 1000 毫升，就不需要额外补充维生素 D 了。营养均衡的妈妈的母乳或配方奶粉中含有足够的维生素 A、钙，不需要额外补充。四磨汤可能造成婴儿腹泻，不建议补充。每个宝宝从出生开始逐渐建立自己的肠道菌群，也不需要额外补充益生菌。

∽ 005 宝宝安睡有妙招　妈妈一起休息好

有一句广告语——"拥有婴儿般的睡眠"。很多人认为婴儿睡得香，这其实是个很大的误会。新生儿虽然总体睡眠时间较长，但是采用的是"醒醒睡睡、频繁小睡"的模式，常让妈妈睡不好觉。因此妈妈们一定要提前有一定的认知，在宝宝安静睡眠时尽量抓紧时间休息，把哺乳之外的事情交给家人代劳，尽量争取更多的休息时间。

如果宝宝只睡了 30 ~ 45 分钟就睁开眼睛，这大概是一个睡眠周期的时间，建议你立即尝试给宝宝哄睡接觉，来保证宝宝的小睡长度。如果无法接觉，且宝宝情绪很好的话，可以考虑缩短这次醒来到下次入睡的间隔，让宝宝下次提早入睡；但如果宝宝情绪不佳，建议尽量哄睡接觉，而不是把宝宝抱起来玩耍。

宝宝需要避免过度疲劳，新生儿一般清醒了30 ~ 40分钟之后会感到困倦，这时可能会出现望着远处发呆、手脚不规律的摆动、身体往后仰打哈欠等表现，这是需要及时哄睡的信号，等宝宝因过度疲劳而烦躁了，再哄睡就困难了。

～◇◇ 006 要想宝宝肌肤好　精心呵护很重要

成为妈妈后，马上要面临的一个问题就是怎样安全、规范地给宝宝洗澡。宝宝第一次洗澡一般是在出生后的第二天，大多数情况下是在医院里由医护人员完成的。由专业人士代劳，妈妈们的心里肯定是比较踏实的，但是回到家里以后，还是得自己洗。在给宝宝洗澡时，要不要用沐浴露、洗发水呢？洗完以后要不要擦东西呢？擦什么呢？多久洗一次比较好呢？

对于脐带脱落前的新生儿，可以用湿毛巾擦浴，尽量不要让脐带接触水。在脐带脱落后，宝宝可以泡澡，但也不需要洗得太频繁。洗澡的频次可以根据气候来决定，在通常情况下每天或隔天一次，沐浴水温为37 ~ 38摄氏度。如果宝宝患有湿疹，洗澡频次可以更低。我们不建议给宝宝频繁地使用沐浴露或洗发水，一般来说，一周使用1 ~ 2次洗发水就可以了。宝宝的皮肤水嫩水嫩的，是不是没有必要擦保湿霜呢？事实上，宝宝的皮肤屏障功能不够成熟，容易丢失水分，我国《新生儿皮肤护理指导原则》建议在宝宝沐浴后给宝宝使用婴儿润肤霜以预防其皮肤干燥。

在给宝宝洗澡的时候，我们可能会注意到宝宝的头痂，头痂也被称为新生儿乳痂，是一种出现在婴儿头皮上的粗糙、片状、油腻的痂皮。一般在宝宝出生几周的时候开始发生，并在几周或几个月后消失。出现乳痂后，我们在给宝宝洗头发的时候轻柔按摩其头皮，并使用性质温和的婴儿洗发水，可以逐渐减少乳痂。乳痂并不会让宝宝不舒服，请不用担心，也不需要清理干净。

～007 新生宝宝"怪事"多　了解真相不慌张

宝宝出生后，我们时刻关注宝宝的所有动态，希望尽全力爱护他、保护他。有时候我们看到宝宝的一些表现可能会担心，不知道是不是正常的。有哪些情况是正常的，哪些情况需要看医生呢？接下来我们介绍几种最常被问到的情况。

第一种：宝宝哭闹的时候下巴抖动，有时手也抖。

一般来说，宝宝的这种表现是正常的。新生儿的神经系统发育不成熟，有一些独特的原始反射，容易在哭闹时出现身体的紧绷和颤抖，如下颌或下唇的颤抖，哭时胳膊或腿抖动，睡眠时抽动等表现，大多在出生 3～4 个月后消失。

第二种：宝宝的喉咙常常发出声音，好像有痰，是不是生病了呢？

新生儿有时确实会发出一些奇怪的声音，如喉咙里"痰响"，这是因为宝宝的吞咽不协调，宝宝在睡着时，其喉咙可能有少量的唾液或奶液，当空气通过时，喉咙里就会发出这样的声响，等宝宝把唾液、奶液咽下去后这种声音就消失了。如果宝宝并没有呼吸道感染的表现，如鼻塞、流鼻涕、咳嗽，也没有"痰响"加重的情况，我们一般不用担心。

宝宝还能发出一些其他的声音，如鼻音，睡眠时的啜泣声、哭声、呻吟等。如果宝宝并没有表现出其他身体上的不适或异常，一般来说，这些都是没有问题的。

第三种：黄疸。

新生儿黄疸可能是大部分新手爸妈会遇到的一个难题，很多家长为这个焦虑不已。关于黄疸，大家首先应知道的一点是：黄疸并不是一种疾病，而是一种症状，其背后可能存在一系列病理或生理的情况。因此黄疸细说起来很复杂，涉及的基础理论知识很多，作为家长不容易也不需要掌握这些复杂的理论。但有几个"坑"一定要绕过：首先，母乳性黄疸不要停母乳，反而应该让宝宝多吃、多拉，促进胆红素的排出。其次，不推荐使用中成药或偏方退黄，最有效且安全的方法是照蓝光。如果宝宝真的出现了病理性黄疸，也不要太过担心，建议到儿科医生处看诊，听从医生指导。

第四种：新生儿皮肤问题。

新生儿的皮肤十分娇嫩，可能会出现痤疮、湿疹、痱子、尿布疹等问题。那么哪些是痤疮？怎么区分湿疹和痱子？有哪些措施可以预防和治疗呢？

新生儿痤疮产生的原因并不是很明确，有人认为可能和妊娠后期母体激素分泌有关。一般出现在宝宝的面部，主要分布于下巴、脸颊两侧及额头，可能表现为粉刺、红色丘疹及脓包。一般情况下，在宝宝3～4个月大时痤疮会自行消退，不需要用药物或护肤品来治疗。如果痤疮严重，建议寻求皮肤科医生的帮助。

湿疹是新生儿常见的皮肤问题之一，引起湿疹的主要原因是皮肤干燥、皮肤屏障功能受损。湿疹表现为皮肤上起红色丘疹、小水疱、黄白色鳞屑、脱皮或有渗出液，往往有明显的瘙痒。湿疹可分布于头面部、颈部、肩背部、四肢甚至全身。

预防和治疗湿疹的关键是保湿。平时应注意保持环境凉爽，给宝宝适度增减衣物，减少宝宝出汗，不要过度清洁宝宝皮肤，在宝宝洗澡后一定要注意给宝宝涂抹保湿霜。如果通过加强保湿，湿疹仍然没有好转，一般需要在医生指导下使用激素软膏。

痱子一般发生在夏天天气炎热时，但在天气凉爽时穿衣过厚也可能引起痱子。痱子的产生原因主要是汗液排出不畅堵塞毛孔，从而在汗腺周围引起炎症，表现为小丘疹、小水疱，新生儿常见的痱子为白痱（也称晶形粟粒疹）。痱子容易出现在头颈部及胸背部，四肢部位少见。预防和治疗痱子的关键是保持环境凉爽干燥，给宝宝穿戴适度衣物，出汗后及时擦干皮肤、更换衣物。在痱子发生后，不推荐使用含有滑石粉的粉状痱子粉，可以外擦炉甘石止痒。

尿布疹指的是被尿布包裹的皮肤出现皮疹、糜烂或脱皮的症状。造成尿布疹的原因很多，常见的是由于大小便刺激导致皮肤红肿，如果没有得到及时处理，还可能感染真菌。另外，皮肤如果对尿布过敏也可能出现尿布疹。一般情况下，家长很难自行辨别尿布疹的原因，但如果皮疹刚刚出现，而且看上去并不严重，可以先自行在家护理。护理的措施包括保持皮肤透气，外用护臀膏，保持皮肤清洁，尽量使用纸尿裤且勤换纸尿裤等。如果出现大面积红肿、脓疱等建议及时到医院就诊。

〰 008 安全养育最重要　隐患全部扫除掉

一直以来，我们都建议爸爸妈妈扫除宝宝身边的安全隐患，避免因为失误造成对宝宝的伤害。需要注意的有以下几点。

（1）婴儿床内不要有任何松软的物品，包括枕头、被子、毛绒玩具、衣物等，因为这些物品可能引起宝宝窒息。不用被子，宝宝盖什么呢？其实，最安全的是婴儿睡袋。

（2）宝宝出生后，爸爸妈妈从医院带宝宝坐车回家，一路上，是抱着回去还是让宝宝坐安全座椅呢？这里要告诉大家的是，在行驶的汽车上，父母的怀抱或腿上是最危险的地方，因为一旦出现碰撞，大人很可能不但抱不住宝宝，反而让宝宝替我们承受撞击或挤压。

保证安全的最重要的方法是正确地使用安全座椅。婴儿需要使用后向式安全座椅，直到2岁或身高、体重超过了安全座椅的上限。一定不要因为可能发生的危险是低概率事件就忽视安全座椅的重要性。

（3）回到家后，一些长辈喜欢给宝宝送手圈、颈圈及寓意吉祥的挂饰以表达美好的祝福，我们建议尽量不戴这些饰品。因为这些饰品有缠住手或颈部，以及勾住其他东西的风险。

（4）可不可以亲吻宝宝呢？我们不禁止，但成人口腔卫生不佳对宝宝健康来说是有风险的，需要谨慎。成人口腔内有多种细菌和病毒，可能会通过亲吻等方式传播给宝宝，如常见的 EB 病毒可以引起一种俗称为"亲吻病"的疾病，表现为发热、淋巴结肿大、扁桃体化脓、肝脾肿大，严重的甚至会危及生命。

（5）生活中的一些居家小细节也值得注意。例如，热水器的温度设置不高于 50 摄氏度，超过 50 摄氏度的水在短时间内便会造成烫伤；不要抱着宝宝喝热水、热汤，避免失手烫伤宝宝；给宝宝洗澡时不要离开去接电话、拿东西，把宝宝放在水里离开一会儿就可能导致宝宝溺水，万一要离开，要抱着宝宝一起过去……须谨记：看护宝宝容不得一丝的粗心或侥幸。

专栏二

母乳喂养的
正确打开方式

陈丹

卓正医疗儿童保健、儿童语言专科咨询医生
国际认证泌乳顾问（IBCLC）
中南大学湘雅医学院硕士

～ 001 孕期，身体为哺乳做好了哪些准备

妈妈孕育宝宝是一个奇妙的过程，从知道怀孕的那一刻起，所有人都在盼望着宝宝健康出生，准妈妈们会定期产检，合理搭配餐食，注意休息，也会留意非常多的"胎教"信息等。

我发现，准妈妈很少主动询问母乳喂养的问题。当宝宝呱呱落地后，事情一多，时间一紧迫，新手妈妈在面对母乳喂养时就可能会有些手足无措！配方奶粉，也很容易在这个时候乘虚而入。

请准妈妈先想一想，在生活中，如果我们想充满信心地去面对和处理一件事的话，我们一般会怎么做？首先，我们得了解这件事，然后理性地评估自己是否有能力完成这件事，该做哪些准备，对吧？那么，回到母乳喂养上来，准妈妈有没有了解过乳汁是怎么产生的呢？这对于我们自己和宝宝来说，都非常重要。如果准妈妈了解到，在孕期，身体已经为哺乳做好了准备，准妈妈就会信心大增，减少一些不必要的担忧，要知道，健康的新生儿是有能力含接妈妈的乳房并通过吸吮来获得乳汁的，大自然早就为他准备好食物了。

母乳喂养虽是最自然的喂养方式，但实现成功的母乳喂养也并不简单，对于新妈妈来说更是一门全新的功课。如果您是一位准妈妈，我想问您，母乳喂养，您是否准备好了？

也许您还不确定，但其实您的身体已经准备好了。为什么这么说呢？首先我们来了解一下生产乳汁的"工厂"——乳房，我们来看看它

为母乳喂养做好了哪些准备。

怀孕后，准妈妈身体的激素水平会逐渐升高，在怀孕第 3 ~ 4 周、可能有些准妈妈还不知道自己已经怀孕的情况下，乳房就已经在孕期激素的作用下悄悄地开始发育了，细心的准妈妈会注意到乳房在慢慢地增大，乳晕部位颜色也会变得更深，还有的准妈妈在孕后期乳房可能会有轻微疼痛或不适的感觉，其实这些信号都是在提醒我们：乳房正在为哺乳做准备。准妈妈的乳头上大约有 4 ~ 18 个输乳管开口，输乳管从乳腺组织出发，在乳晕下汇合到乳头，它们在乳晕下的位置表浅，因此，宝宝要含住乳晕并挤压乳晕，才能有效地吸出乳汁。如果宝宝只是吸吮乳头，那么只能吸出少量的乳汁，还会弄疼妈妈的乳头，这是不正确的吸吮姿势。

准妈妈可能会好奇：当乳房准备好之后，乳汁是怎么产生的？其实啊，在孕 16 周左右，乳房中的泌乳细胞就开始分泌乳汁了；在孕后期，初乳已经在准妈妈的乳房中，随时待命了。这也是为什么有些准妈妈在孕晚期可以看到乳头上有一些乳白色或黄色的乳痂，甚至在挤压乳房时可以看到少量乳汁。需要提醒大家的是，未经医生允许，我们不建议准妈妈挤压乳房。

现在我们了解了乳汁产生的场所——乳房，和乳汁产生的细胞——泌乳细胞，它们在孕期就已经为宝宝出生后的母乳喂养做了充分的准备。也就是说，只要经过怀孕、分娩，我们的身体就会自动为宝宝准备好口粮，并储存在乳房里，安排得刚刚好。可能有些妈妈会问："我的乳房小，会不会产奶不足？"不用担心，乳房的大小跟妈妈的产奶能力并没有直接的关系。产生乳汁的细胞是泌乳细胞，而乳房的大小主要由胸部的脂肪含量决定。只在少数情况下，如妈妈生病或在分娩过程中有特

育儿必修课——医生与你面对面

殊情况，才可能会影响到乳汁的生成，若发生这种情况则需要医生的评估来指导母乳喂养。

〰️002 "过来人"说分娩后的两三天内"没有奶"，这是真的吗

如果准妈妈询问"过来人"的哺乳经验，很多"过来人"会分享这样一个经验：宝宝出生后两三天内几乎没乳汁，或者好不容易才挤出几滴乳汁，这时妈妈乳房没有涨奶的感觉，宝宝也睡不踏实，总是要吃奶，全家都着急。过了这两三天，妈妈开始觉得乳房涨了，家里人和妈妈都感觉是在"下奶了"。这样的一种经历，经常会给人造成一种错觉，乳汁在生产两三天后才有，需要先准备配方奶粉。其实，这并不正确。

通过前面的学习我们知道，在宝宝出生前，初乳就已经在准妈妈的乳房中了，那么，妈妈分娩后两三天乳房不涨，手挤时很难看到乳汁，是没有奶吗？其实啊，初乳量少是符合人类繁衍规律的。首先，初生婴儿的胃只有一颗小樱桃大小，初乳量少和宝宝的胃容量是匹配的；其次，初乳营养浓缩，能够满足初生婴儿的生存需要，黏稠且富含免疫球蛋白的初乳为宝宝的肠道涂上一层具有保护作用、抵抗感染的免疫膜，并刺激宝宝产生第一次大便；最后，初乳量少、黏稠，适合刚出生的，吸吮、吞咽、呼吸还不稳定的新生儿学习怎么吃奶，这是对他们的一种保护。可不要认为初乳量少就是"没有奶"或"奶不够"，而给宝宝添加配方奶粉。

产后48～72小时乳汁量突然增多，也就是所谓的"下奶了"，这时候的乳汁是过渡乳，乳汁内的糖和脂肪急剧增加，乳汁颜色可能比最

初的要白，由于乳汁量大幅增加，妈妈通常在这个时候会感到乳房肿胀，觉得乳房热热的、沉甸甸的，用手挤时也容易看到乳汁了，这时大家经常会说"终于下奶啦"！

我们了解了乳汁生成的过程，也了解了初乳在孕期就存在于妈妈的体内了，大家需要记住的是，每个妈妈乳汁量增多的时机可能会有差别，在正常情况下，大量乳汁分泌的现象出现在产后 48 小时，也就是产后 2 天左右，最晚一般不会超过 4 天。

⌘ 003 提高泌乳量的关键

坚持母乳喂养的妈妈常常会担心乳汁产量不足，不能喂饱小宝宝。现在我们来了解一下产后乳汁分泌的生理过程，帮助大家明晰泌乳量提高的关键时间，掌握提高泌乳量的方法，帮助大家在母乳喂养的过程中少走弯路。

前面我们讲到，产后 48 ～ 72 小时，泌乳量开始明显增加。产后 10 天乳汁分泌逐渐稳定，此后的乳汁被称为成熟乳。研究发现，这个阶段乳汁的多少，主要不是由妈妈决定的，而是由宝宝决定的。这个阶段乳汁的分泌已经由妈妈身体的激素控制转变为由乳房自主控制了，也就是说，宝宝从乳房里吸吮出多少乳汁，决定了乳房的泌乳量。我们可以这样理解，宝宝通过吸吮给乳房"下订单"，乳房根据"订单"来生成乳汁。有些母乳喂养的妈妈早期会有溢奶，过了一段时间后溢奶不明显了，会担心自己是不是泌乳量减少了。其实不必担心。因为乳房刚开始的产量，由妈妈身体内激素促发，有可能会超过宝宝的需求，妈妈的身体往往希望多备些粮食给宝宝。但是一直多备，也不是乳房"想"要的，如果宝宝的体重及精神状态良好，出现溢奶减少的情况，恰好说明妈妈的泌乳量与宝宝的需求量达到了和谐的平衡。妈妈是通过来自宝宝的反馈——吸吮调整到平衡状态的。

借用一句总结得很好的话：母乳喂养由婴儿主导，婴儿主导的母乳喂养是母婴的舞蹈！在我们的日常生活中，当母乳喂养遇到困难或宝宝吃不饱时，经常会在妈妈身上找原因，例如，妈妈吃得不够多啦，没喝开奶汤啦，没找催乳师按摩乳房啦……现在通过对泌乳生理的了解，我们知道了最好的催乳师是我们的宝宝！

宝宝出生的第一个月，通过频繁地吸吮，给妈妈的乳房足够的信号对未来泌乳量的稳定有非常重要的意义。在这个阶段，添加配方奶粉，即使是少量地添加，也会减少宝宝对乳房的吸吮，影响泌乳量。

我在门诊经常遇到这样的情况，宝宝进入猛涨期，有几天出现频繁吸吮，其实，这是宝宝给妈妈身体的信号——我需要更多的乳汁了，如果不加干涉，通常几天后会再次进入"供需平衡"期。但是如果这时家人怀疑妈妈泌乳量不足就给宝宝添加配方奶粉，认为只添加一点点没有关系。但是，增加配方奶粉，势必导致吸吮减少，一旦妈妈的乳房获得吸吮的刺激减少，乳房"工厂"收到的"订单"会减少，乳房就不会增加泌乳量顺应宝宝的发育需求，泌乳量就真的减少了。

004 成功实现母乳喂养的第一个秘诀——肌肤接触

我们已经知道，建立母乳喂养的关键时期是分娩后的前三天，抓住这个关键时期，会让您的母乳喂养事半功倍。一旦错过关键期，妈妈们就可能需要付出多倍的努力去克服本不该出现的困难。

大量研究发现，肌肤接触的益处非常多，包括稳定宝宝的心率、呼吸、体温，减轻宝宝的压力等。增加妈妈和宝宝的互动，会大大增加母乳喂养成功的可能性，延长哺乳时间。分娩后前两个小时是宝宝自主含乳的黄金时间，这个时候的新生儿机敏、清醒，将其放在妈妈胸口的时候，他能够自主寻找乳头，顺利含接乳房。这样的产后肌肤接触为进行第一次母乳喂养提供了机会。

说到这里，新手妈妈们可能会问，怎么做才算是肌肤接触呢？宝宝出生后妈妈跟他碰一下脸，就让宝宝睡到一旁去，这算是肌肤接触吗？答案当然是否定的。如果新生儿情况良好，应立即将其擦干，放在妈妈胸前，用被子或衣服把宝宝和妈妈一起盖住，让只包着尿布的宝宝胸对胸贴在妈妈裸露的胸前，手臂自然放在两边，肩膀接触到妈妈的胸部，宝宝的头要转向一侧以防止鼻子被堵塞，在这样的肌肤接触下，妈妈的乳房散发出的气味会吸引宝宝，使得视力还不太好的新生儿可以顺利找到乳头。

具体地说，宝宝是怎样寻找乳头的呢？宝宝会扭动四肢、身躯和头部，逐渐向乳房靠近，这时妈妈可以用腿或手给宝宝的脚提供一个支撑，当他的下巴贴近乳房时，嘴巴就会向上张开然后大口含住乳房，此时宝宝含住的不仅是整个乳头，还有大部分下乳晕。这是一个婴儿自然含接的过程，将新生儿放到母亲乳房上，然后经过 30～60 分钟的时间，宝宝才能真正吸吮到乳汁。乳晕上蒙氏腺体的分泌物有抗菌作用，所以妈妈的乳房在每次哺乳前无须特别清洁或消毒。

在给新生婴儿做肌肤接触时，妈妈要做的就是耐心、耐心、再耐心。就像以后看着他学步、跌倒，再慢慢走稳，又或是看着他牙牙学语，慢慢发出可爱又亲切的语言一般，妈妈要做的就是耐心和给予机会，毕竟宝宝可能需要 1 小时的时间才能爬上妈妈的乳房。有过自主寻乳且顺利含接乳房经验的宝宝，之后的哺乳也会比较顺利，而目睹宝宝自主寻乳的过程，对整个家庭而言，更是一种奇妙又幸福的经历。

∾ 005 成功实现母乳喂养的第二个秘诀——正确含乳

门诊上，很多新手妈妈会告诉医生，"宝宝一直在吸，但是还是没有多少母乳！"或者说宝宝"吸得太多了，乳头都被吸破了！"这样的情况让妈妈们感到很困惑，大家都说要多吮吸，但宝宝吮吸越多乳头就越痛，宝宝也会越哭闹，这是为什么呢？其实出现这样的问题，我们首先要评估一下宝宝的含乳是否正确。正确含乳是有效吮吸的前提，也是成功实现母乳喂养的第二个秘诀。

在前一节中，我曾提到过，如果新生儿有自主含乳的机会，那么这段成功经验会为宝宝正确含乳打下坚实的基础。如果宝宝没有自主含乳的经验，爸爸妈妈也不用着急，我们可以通过一些方法来引导正确含乳。

有些妈妈会觉得奇怪：宝宝不是生下来都会吃奶吗？是的，母亲为新生宝宝带来了初乳，新生宝宝也自带了觅食的本能——自主寻乳和吸吮反射。那为什么还需要了解怎样正确含乳呢？这是因为宝宝虽然具备了能力，但跟妈妈之间的互动还需要时间来磨合。

母乳喂养，我们倡导婴儿主导。但是，这个过程是母婴之间的舞蹈，如果在母乳建立之初的关键时期，妈妈或家人因为不了解正确的含乳技巧，或者使用错误的方法去做所谓的"催奶"，那便很可能导致宝宝没有学会正确含乳。

正确含乳的前提是，妈妈要找到一个让自己舒服的哺乳姿势，如摇篮抱、橄榄球抱、侧卧式等。哺乳是一件身心愉快的事，应该全身心放松，妈妈和宝宝都要享受其中，这个时候妈妈一定不要有"牺牲自己没关系，只要宝宝吃到奶"的想法。妈妈一天的喂奶次数最高可能会达到12次甚至更多，如果姿势不舒服，妈妈的身体会很难坚持下去，而且会影响催乳素的分泌水平，导致泌乳量降低。

以最常用的摇篮抱为例，我们通常需要注意以下两点：一是婴儿的头和身体要成一条直线，脸、胸部及腹部在同一平面；二是"肚子贴肚子"，如果宝宝和妈妈没有"肚子贴肚子"，那宝宝可能需要扭头才能含到乳晕，这会导致宝宝吸吮难度加大，吞咽也会不舒服，还可能影响宝宝呼吸，表现出来就是宝宝烦躁、哭闹，此外，还可能导致妈妈的乳头疼痛。

图 2-1　摇篮式哺乳

怎样才是正确的哺乳姿势呢？如图 2-1 所示，宝宝的脸贴近乳房，鼻子对着乳头，妈妈用手托住宝宝的头、颈和臀部。不要限制宝宝的头转动，这会影响宝宝自己转动头来调整吸吮位置。

还有一种舒适的哺乳姿势——半躺式哺乳，如图 2-2 所示。妈妈舒

适、放松地斜躺，用手轻轻护
住宝宝，宝宝面对妈妈并
与乳房相贴，利用重力
自然含接乳房。需要注意
的是，要让宝宝至少有一
只脚下有支撑物，可以是妈
妈的腿、手或枕头等。半躺式
哺乳可以让宝宝自己寻乳并含

图 2-2　半躺式哺乳

上乳头，建议妈妈们尝试一下这种舒适又自然的喂养姿势。即便不在哺
乳时，妈妈也可以和宝宝这样肌肤接触以增进感情。

　　在宝宝含乳的过程中，妈妈最好一开始就引导宝宝有效含乳。可以
轻柔地用乳头逗弄宝宝的上唇或鼻子，如果先挤出几滴奶，宝宝的兴趣
会更大，这时宝宝通常会张开嘴巴，从而迈出有效含乳的第一步。

　　当然，如果这一招不见效，妈妈也可以让宝宝的下嘴唇或下巴触碰
乳房，当宝宝张大嘴，舌头处于下方时，轻快、果断地引导宝宝含上。
这个过程中要注意避免把乳房强塞给宝宝，而是要让宝宝在贴近乳房的
过程中顺势含接。在确保宝宝的后脑周围没有障碍物的前提下，宝宝就
可以自主地控制头部，自学舒适含接。

　　需要注意的是，不要捏起乳头送到宝宝嘴里。可以用拇指和食指弯
曲形成"C 形手"在乳房中部位置支撑乳房，因为宝宝通常是下巴先接
触到乳房的，并以此作为一个支撑点牢固地靠到乳房上，如果妈妈的手
指妨碍了宝宝的下颌运动，那宝宝就无法正确含乳了。

　　含乳成功后，我们会发现宝宝其实是不对称含乳的，即含住的下乳
晕更多，这样能够吸吮到更多的乳汁。在正确含乳时，宝宝含住的不是

乳头，而是乳头和大部分乳晕，宝宝的下唇是外翻的，这样的含乳也叫作"深含乳"。在深含乳时，妈妈乳头的位置在宝宝口腔软硬腭交界附近，这是一个舒适区，因此无论喂多久，妈妈的乳头也不会痛，更不会破损。如果含乳浅了，妈妈的乳头在宝宝的牙龈或硬腭位置上，自然会很痛，乳头也容易被咬破，而且宝宝虽然用力地吸，但吸到的乳汁却并不多，这不仅会让宝宝吃不饱，还会导致妈妈乳房中的乳汁无法有效移除，最终影响宝宝的体重和妈妈的泌乳量。因此，正确含乳和有效吸吮对母婴双方来说都非常重要。需要提醒新手妈妈的是，宝宝出生后的前几天，由于乳头非常敏感，即使正确含乳也可能会有一些疼痛的感觉，但一般在 30～60 秒就缓解了，如果持续疼痛，则建议重新调整含乳方式。

我们一直强调，母乳喂养是一个很自然的过程，如果您和宝宝的哺乳过程愉快、放松，宝宝吃奶后满足，体重增长良好，那么即使您的宝宝没有像我上面描述的那样吃奶，也无须担心，哺乳没有所谓的"标准姿势"，只有母乳喂养出现状况时，我们才关注含乳的问题。

006 成功实现母乳喂养的第三个秘诀——有效且频繁地吸吮

除了肌肤接触、正确含乳，成功实现母乳喂养还有第三个秘诀，那就是有效且频繁地吸吮。

宝宝的吸吮是怎么影响妈妈分泌乳汁的呢？这得从乳汁生成的神经反射来解释。宝宝的吸吮会刺激乳头附近的感觉神经，然后由感觉神经将信息传送到妈妈的大脑，促进催乳素的产生，催乳素水平增高会促使乳汁全天候持续分泌。通过宝宝吸吮，大脑还会促进催产素的分泌，这种激素可以让乳房出现喷乳反射，也就是出现俗称的"奶阵"，从而促进乳汁从乳房转移至宝宝。乳房被移除的乳汁越多，母体分泌的乳汁也会越多，让宝宝有效且频繁地吸吮或经常使用吸奶器吸出乳汁，都会刺激妈妈的身体产生更多的乳汁，这就是为什么双胞胎甚至三胞胎的妈妈同样有能力分泌足够的乳汁来喂养宝宝。当宝宝吃奶量减少时，吸吮的次数也会减少，大脑这个"总司令"就会下调泌乳量。

由此可见，宝宝的吸吮是让妈妈泌乳的最好方法。因此，在新生儿时期，尽量不要限制宝宝吸吮，以达到最好的"催乳"效果！

不过，一定要确认宝宝的含接和吸吮是有效的，不正确的吸吮动作只会让乳头水肿、疼痛，乳汁无法充分排出，泌乳量也不会增加。如果宝宝不在身边，也建议宝妈每2～3小时挤奶一次以维持泌乳量，一般建议挤奶时间每侧15分钟左右。

频繁地吸吮，除了可以让宝宝为自己寻得足够的"粮食"，同时还是缓解妈妈生理性乳涨的最好方法。很多产后妈妈有过这样的体验，分娩后2～3天，已经"下奶"的乳房会突然肿胀，严重时还硬邦邦的，疼痛感也非常明显，甚至引发了乳腺炎。通过宝宝有效吸吮移除乳汁，能够有效缓解妈妈的不舒服。

如果出生后被迫母婴分离，一定要在产后最初就用手挤出初乳，如果妈妈身体允许，最好在分娩后1小时内开始手动挤奶，最迟也不要超过分娩后6小时，夜间也同样需要定时挤奶来移除乳汁。因为分娩后的最初几天初乳量少，用吸奶器吸，母乳会很容易"消失"在吸奶器里，因此建议手挤，再用医用针管或小勺来收集初乳。

很多妈妈还会有这样一个疑问，那就是如果妈妈是剖宫产，是不是产后前几天会没有乳汁或乳汁量很少。其实无论剖宫产还是顺产，妈妈们都经历了同样的孕期和分娩时激素水平的变化，也都具备生产初乳的能力。但在现实中，我们也确实发现剖宫产的妈妈早期实现纯母乳喂养的难度会更大。通常情况下，剖宫产妈妈因为进行了手术，母婴之间肌肤接触往往做得不够，妈妈术后休息可能会减少宝宝对乳房的吸吮，乳房获得吸吮的刺激可能会延迟或减少。所以，妈妈们要想解决这个问题，一定要设法让宝宝早吸吮、多吸吮，这样泌乳量自然会提高。当然，也有一些妈妈是由于身体情况特殊而选择剖宫产，有些疾病可能会对泌乳产生影响，这种特殊情况我们在这里暂时不做讨论。

∽ 007 宝宝出生后的 3 个"24 小时"

俗话说，知己知彼，百战不殆。在母乳喂养这件事上，妈妈要想和宝宝有好的互动，一定要了解新生儿的一些常见表现，我们可以归纳为3 个"24 小时"。

我们首先来看宝宝出生后第一个 24 小时。世界卫生组织指出，母乳喂养的黄金时间，是宝宝出生后的 2 小时之内，尤其是第一个小时，为什么这么说呢？这是因为，健康足月的新生儿，在刚出生的前 2 小时最清醒、活跃、警觉，在不受干扰的情况下，寻乳的本能发挥得最好。分娩带来的大量催乳素会促使乳房分泌乳汁，此时宝宝正好可以饱餐一顿。如果不设限制地让宝宝吸吮，在分娩后 36 ~ 72 小时，乳汁量就会开始增加，颜色也开始发生改变，这段过渡时间正适合胃容量逐渐增大的新生儿。在此期间如需进行任何必要的补充，建议使用敞口杯，不建议使用奶瓶或安抚奶嘴，以免干扰母乳喂养的建立。

宝宝和妈妈肌肤接触且吸吮了第一顿初乳之后，会进入 4 ~ 6 小时的深睡眠，期间可能只会醒来 1 ~ 2 次，因此吃奶的次数会较少。经历了分娩的巨大变化，无论母亲还是婴儿，在度过了最初激动人心的时刻后，都需要休息、放松，保存体力和能量。这时候宝宝休息，推荐的最佳地点仍然是靠近母亲以保持持续的肌肤接触，可以采用之前提到的半躺式，一体解决休息和哺乳的问题。

当宝宝从这次深度睡眠中醒来后，会再次寻找乳房，妈妈只需要把其放到乳房附近就可以了。他的动作可能并不熟练，可能会去舔，会尝试和学习，这些都是正常的。出生后第一个晚上，宝宝通常每 2 ~ 2.5 小时进食一次。

接下来，宝宝就进入第二个 24 小时。美国儿科学会建议，新生儿每天需要哺乳 8 ~ 12 次，如果条件允许，可以不设上限，这就是我们说的频繁吸吮。很多新生儿都是"夜猫子"，会昼夜颠倒，白天睡得很多，于是从晚上 6 点到第二天早上 6 点吃得次数多。但是，妈妈的身体似乎知道这个规律，研究发现，妈妈分泌的催乳素也是在凌晨 1 点到早上 5 点达到高峰，生命就是如此神奇！

出生后的第二个晚上，宝宝会进入"疯狂吃奶"模式，这种情形会让妈妈和家人怀疑奶水不足，但这就是宝宝自然的节奏——宝宝通过吸吮给妈妈信号，为自己多要"口粮"。这一晚，很多妈妈会感到宝宝特别容易"哭闹"，妈妈认为还没有到"下奶"的时候，乳房也不涨，以至于大家对宝宝"吃不饱"这件事都深信不疑。

当宝宝进入第三个 24 小时，"密集喂哺"便成了常见模式，常常在一天的某个时段宝宝会频繁地要求吃奶，还通常发生在晚上，这也符合了"新生儿是夜猫子"的自然规律。当宝宝还在妈妈子宫里的时候，他是通过脐带来源源不断地获得营养的，这是一种"连续喂哺"的模式，出生后，宝宝的身体需要适应新的进食模式，在过渡期，少量多餐喂养模式最符合新生儿的生理需求，并且可以有效防止宝宝胃食管返流，避免引起呕吐。父母通常想多喂一点，希望宝宝可以睡得更久一些，但这不符合新生儿的喂养模式和营养摄取方式。在这第三个 24 小时里，妈妈的泌乳量开始逐渐增多，流速也逐渐增快，宝宝协调吸吮、吞咽和呼吸的能力也会逐渐增强。

由于初乳黏稠，宝宝在前一两天每次吃奶可能都需要 45 ~ 60 分钟的时间，我们建议先让宝宝决定吸吮的时间长短，先吃哪一边，吃两边或只吃一边。妈妈们一定要保证一天之内两边乳房都让宝宝吃到，但没必要计较两边吃的时间是否均等。

008 宝宝饥饿的信号

宝宝是怎么告诉妈妈自己想吃奶了的呢？这要从宝宝的六种生理状态说起。第一种状态是"深度睡眠"，这个时候宝宝睡得很沉、很香，没有任何动作，也不容易被吵醒，或者被吵醒后宝宝会不舒服甚至哭闹。第二种状态是"安静睡眠"，这时虽然是在睡眠中，但会有一些身体动作和面部表情，也容易被吵醒。新生儿每天有 16 ~ 18 小时处于前面这两种睡眠状态中。第三种状态是"困倦"，是一种过渡状态。在这种状态下，宝宝很放松，呼吸不规则，眼睛或开或闭，对外界刺激反应敏感，可能会进入睡眠状态，也可能恢复清醒状态。第四种状态是"安静警觉"，宝宝会双眼睁开，警惕外部刺激并表现出小幅度的身体活动。在这种状态下宝宝很平静，是母乳喂养的好时机。如果这时妈妈用手轻轻抚摸宝宝的脸颊或嘴唇，宝宝会变得更加警觉并主动寻找刺激，出现觅食反射。第五种状态是"活跃警觉"，妈妈会发现宝宝的觅食反射变得更加强烈，这是因为宝宝有些不耐烦了。第六种状态是"哭泣"，在这种状态下宝宝情绪激动，无法含接乳房，妈妈们需要先进行安抚，待宝宝平静下来后再进行哺乳。

了解了宝宝的这六种常见的生理状态后不难发现，"哭"已经是宝宝针对饥饿释放的最晚信号，而开始有饥饿信号的安静警觉状态其实是最适合哺乳的。早期饥饿的信号包括吮手、咂嘴、把头转向妈妈等，如果妈妈没有及时发现这些信号，等宝宝进入活跃警觉甚至哭泣状态，哺乳反而可能没有那么顺利了。母婴24小时同室最适合新手妈妈响应宝宝的喂哺信号，因为如果宝宝在妈妈身边，妈妈就能很容易观察到宝宝的这些不同状态从而选择最佳的哺乳时机。

在饥饿信号得到回应后，宝宝应该怎样吃奶呢？

其实每个宝宝生来都有不同的吃奶节奏，每餐相隔时间也不尽相同，例如，有些宝宝可能吃奶时间很规律，有些宝宝可能在一天的某个时段里1小时就要吃一次奶，其他时段则会间隔很长时间等。

但在磨合期，母乳喂养建立之初，更建议先让宝宝按自己的需求来主导吃奶频率，这期间妈妈要学会观察宝宝的吃奶状态，评估宝宝的进食情况和体重。如果宝宝有吃奶的积极性和热情，那么，想吃多少次就喂多少次；如果宝宝因为用药或黄疸导致太过慵懒，不肯自己醒来，若距离上次哺乳已有4小时，妈妈可以唤醒宝宝并引导其吃奶，这对没有表现出强烈饥饿信号的宝宝是一种安全保障。从产后 6 小时开始，目标是每 24 小时至少喂哺 8 次，这样用不了一周，宝宝就可以给出明确的吃奶信号了，到时妈妈就可以放松下来，只要跟随宝宝的需求就可以了。

对于初生婴儿来说，有个问题可能让新手妈妈很困惑，就是一定要叫醒宝宝喂奶吗？事实上，如果宝宝经常与妈妈肌肤接触，吃奶情况良好，体重增加也正常，只不过单次睡眠时间偶尔超过 3 小时，那就不需要唤醒。但对于贪睡的宝宝，尤其是体重增长不良时，妈妈就必须采取主动，而不是单纯等待宝宝的饥饿信号，可以白天每隔两三个小时就唤醒宝宝喂奶，晚上也调好闹钟定时喂哺，不要让两次喂奶时间间隔超过 4 小时。着重提醒一下，妈妈们一定要注意，产后 1～2 周时，母乳喂养的平均频率应达到每日 8～12 次，且不要让两次喂奶时间间隔经常超过 4 小时。

怎样唤醒宝宝呢？下面推荐一些好方法：

一是如果外界光线明亮，可以尝试将光线调暗一点，这样宝宝会更容易睁开眼睛；二是脱去宝宝的衣服，让宝宝与妈妈肌肤相亲；三是抚摸宝宝，呼唤宝宝的名字，揉搓其脚丫；四是让宝宝仰卧在床上，不要裹着宝宝，慢慢地竖抱再放平。无论采用哪种方法，妈妈一定要温柔地唤醒宝宝，再引导其吃奶。

009 宝宝吃饱了吗

宝宝需要吃多少奶？这是妈妈和家人都很关心的一个问题。实际上，如果按我们之前讲到的，健康宝宝出生后，正确含乳且有效吸吮，妈妈也给予了宝宝不设限的吸吮次数，那母乳在大部分情况下是足够的。从医学的角度上看，妈妈不能生产足够母乳的情况很少见。

表 2-1 是健康足月母乳喂养婴儿初乳的平均摄入量，从中我们可以看出，新生儿出生第一天每餐只需要摄入 2 ~ 10 毫升，第二天是 5 ~ 15 毫升，第三天摄入量也仅仅是 15 ~ 30 毫升，大家可以用家里的量勺或奶瓶感受下这个量是多少。

表 2-1   健康足月母乳喂养婴儿初乳的平均摄入量

时　间	摄入量（毫升／顿）
第 1 个 24 小时	2 ~ 10
24 ~ 48 小时	5 ~ 15
48 ~ 72 小时	15 ~ 30
72 ~ 96 小时	30 ~ 60

宝宝出生后第一天，胃就好像一颗樱桃这么小，而且弹性弱，这个时候喂多了很容易导致宝宝呕吐或溢奶；到了第三天，宝宝的胃也才和核桃一般大小。妈妈要对自己的泌乳量有信心，其实宝宝出生的前两三天需要的乳汁并不多，妈妈的泌乳量与宝宝胃容量的发展是相匹配的。

经过一个月左右，宝宝的胃会长到鸡蛋那么大，弹性也会增强。在此之后，宝宝的胃容量增长就非常缓慢了，因此，宝宝从 1 月龄到 6 月龄期间，每顿的吃奶量变化可能并不明显。

妈妈有时候会疑惑，觉得宝宝长大了，吃奶却并没有比之前吃得多，有些妈妈还会觉察到宝宝吃奶的时间还缩短了，这是因为宝宝逐渐长大，他已经能够熟练地吸吮并更快速地吸出乳汁。因此，仅通过吃奶时间来判断宝宝是否吃饱往往不够准确，下面我会跟大家分享，如何判断宝宝是不是吃饱了。

与配方奶粉喂养不同，母乳亲喂不能让妈妈看到宝宝吃进去的准确奶量，这让有些妈妈心里很不踏实，甚至会用吸奶器吸出母乳再瓶喂宝宝。然而，亲喂比瓶喂要好很多，妈妈们也并不需要通过这种方式来判断宝宝一次吃了多少母乳。对于亲喂，我们有专门的办法来判断宝宝是不是吃饱了。

这里需要提示一点，配方奶粉喂养的宝宝也需要根据宝宝进食的信号随时调整喂养。很多妈妈会严格按照配方奶粉的推荐量来喂养宝宝，的确，我们生活中使用很多商品时都需要遵循"商品说明书"，但对配方奶粉来说，这一条并不适用。

一些配方奶粉说明书上会给出每次喂养的奶量，如 0～2 周的宝宝每次 60 毫升，2 周～3 个月的宝宝每次 120 毫升，3 个月以后的宝宝每次 180 毫升等。有些妈妈会因为宝宝一次吃不下这么多奶而担心。其实这个推荐喂养量并不一定准确，尤其不适合刚出生的宝宝。宝宝逐渐增长，奶量也会逐渐增加，但是每个宝宝生长、活动所需的能量不一样，进食的量自然也是千差万别的。其实，宝宝是会自己调节进食量的。如果我们忽视宝宝的信号，一味按照配方奶粉上统一的"标准"来执行，有些宝宝适合，也势必会有些宝宝不能适应。

那如何判断宝宝已经吃饱了呢？我们可以从宝宝的大小便、体重和精神状态三个方面来综合评估这个问题。

首先，要看宝宝的大便。宝宝出生后的前几天排出的是墨绿色或黑色的胎便，24 小时内至少要有 1 次，如果宝宝出生 24 小时内没有解胎便需要通知医生。

通常 3 天左右排完胎便，宝宝的大便会逐渐过渡到黄绿色、黄色，频繁地喂养可以促使黄色的大便早些出现，黄色大便越早出现，宝宝体重上升得越快。宝宝出生 4 天之后，每天大便少于 4 次提示可能摄入不足。如果宝宝出生后第 5 天大便仍为胎便，也需要警惕摄入是否充足。这些情况都需要请医生一起评估。

进食会促进肠蠕动，有些宝宝每次吃奶后都会排便，如果体重增长良好，就是正常现象。几个月后，宝宝的消化道趋于成熟，排便次数会减少。满月后，有些母乳喂养的宝宝可能会 3 ~ 4 天排便一次，有些则是 7 ~ 10 天甚至更久，如果其他情况良好的话，也是正常的。

另外，小便经常容易受到其他因素的干扰，因此不能用小便量作为唯一的指标来判断宝宝是不是吃饱了。通常来说，宝宝出生后第 1 天至少要有一次小便，第 2 天至少要有 2 次小便，出生 4 ~ 5 天后，每 24 小时内至少应有 6 次小便，如果情况符合，则提示母乳喂养还不错。宝宝出生 2 ~ 3 天时，妈妈可能会注意到尿布上有橙红色的沉淀物，这是一种高浓缩尿酸盐结晶，这种现象对母乳喂养的宝宝来说非常常见，在妈妈奶量增多后，这种现象就会随之消失。如果宝宝出生 5 天后仍出现这种橙红色的沉淀物，尤其是一天大便少于 3 次时，妈妈就要联系医生和泌乳顾问评估喂养情况了。

除了大小便，判断宝宝是否吃饱还有一个"金"标准——体重。体重很重要，它能提供客观的数据，让妈妈踏踏实实地看到宝宝是不是长了，"吃得好、长得好"这一最朴实的道理最能让大家接受。运用好"体重"这个工具确实会让妈妈心里更踏实，但有一点需要注意，那就是新生儿的体重并不是从一出生就开始增长的。宝宝出生后的第一周会经历一个生理性的体重下降期，这是每个宝宝都会出现的，体重下降的范围为 7% ~ 10%。到了第二周，宝宝的体重开始逐渐回升至出生体重，如果两周后宝宝仍未恢复到出生体重，或者继续下降超过 10%，那就需要查找原因了。

如果体重下降在正常范围内，体重回升也符合生理情况，那就提示宝宝进食良好。

如果宝宝体重下降很多但吃奶的时候态度积极、有条不紊、吞咽很好，换下来的尿布量也在增多，那么可以让他继续保持这种良好的态势，同时监测体重，大多数时候他的体重增长会慢慢恢复。如果宝宝体重下降不多，但有嗜睡、不吃奶、不排便等情况，那他也有可能需要一些帮助，妈妈一定要密切关注喂养情况。

最后，妈妈还需要观察宝宝的精神状态和吃奶的表现。如果宝宝吸吮有力，有时会在嘴角留有乳汁，吃完奶后表情安详、满足，睡眠踏实，清醒时警觉、机敏，没有不能安抚的频繁哭闹，那一般来说，宝宝就是吃到了足够的奶。

❧ 010 常见问题

母乳与配方奶粉成分有什么区别

母乳中的蛋白质主要是乳清蛋白，配方奶粉中的蛋白质主要是酪蛋白，与酪蛋白相比，乳清蛋白更易消化且胃排空速度更快。母乳中含有促进脂肪消化的脂肪酶，而配方奶粉中缺乏脂肪酶，这种差别也造成了母乳"不扛饿"的假象。母乳中的乳清蛋白主要是 α-乳清蛋白，配方奶粉中的乳清蛋白主要是 β-乳球蛋白，这种蛋白可能会引发牛奶蛋白过敏和腹绞痛。

母乳能够提供多种抗菌活性物质，如乳铁蛋白、溶菌酶、sIgA 等，还能提供对宝宝生长具有保护作用的一些活性因子和激素，如胰岛素样生长因子、甲状腺激素等，配方奶粉中缺少这样的成分。

母乳还有一个独到之处，它含有长链多不饱和脂肪酸，如花生四烯酸（AA）和二十二碳六烯酸（DHA），研究显示，AA 和 DHA 可改善宝宝的认知、生长和视力。目前有些品牌的配方奶粉已经添加了 AA 和 DHA，但额外添加的是否能起到保护作用，目前并不明确。

母乳中含有丰富的益生菌和益生元，存在超过 130 种低聚糖，配方奶粉中则没有。这些低聚糖是母乳中重要的抗菌物质，如尿低聚糖可以减少细菌在尿道的黏附等。

妈妈的饮食对母乳有影响吗

妈妈可以保质保量地生产母乳以维持宝宝的生长，这种能力在面对营养不足时会有很强的抵抗能力和恢复能力。即使妈妈饮食中能量和营养素的供给有限，母乳的质量通常也足以维持宝宝的生长，母乳生成通常会影响妈妈的身体成分和营养状态，所以哺乳期女性的营养素需求增加，这在正常、均衡、多样化的日常饮食中略增即可达到。

宝宝的需求是决定妈妈泌乳量的主要因素，母乳生成情况主要是由宝宝的需求决定的，而非妈妈的泌乳能力。妈妈的饮食通常不会影响母乳蛋白的量和质，即使营养不良的人也是如此；妈妈的饮食中脂肪的类型和比例会影响母乳中脂肪酸的类型，但不影响脂肪酸的量，妈妈补充长链多不饱和脂肪酸（如 DHA）似乎并不能改善其后代的发育，尽管如此，美国儿科学会仍推荐进行母乳喂养的女性摄入一定量的富含DHA 的食物，以保证母乳中预形成 DHA 的浓度充足，妈妈每周摄入

1～2份鱼（每份6盎司）就可以提供足够的DHA。母乳中的维生素水平会受到妈妈的饮食的影响，而母乳中钙、磷和镁的浓度与其在母亲血清中的水平无关，并且受饮食摄入量变化的影响也不大，钙稳态的变化与妈妈的钙摄入量无关，母乳中铁、铜和锌的水平与母体营养素状况也没有关系。

总之，妈妈的饮食对母乳的质和量影响不大。另外，虽然不常见，但母乳喂养的宝宝可能出现肠道过敏，其实母乳本身并不会引起过敏，但妈妈的饮食中的某些物质，如牛奶中的β-乳球蛋白可能进入母乳中，进而引起宝宝过敏。

宝宝出生4天内出现尿结晶，是提示母乳量不足吗

宝宝出生后2～3天，因为初乳浓缩且量少，宝宝所需的奶量也少，尿液浓缩，很容易出现尿结晶，但这不一定提示母乳量不足。宝宝出生3～4天后，妈妈的泌乳量开始增多，宝宝的胃容量也逐渐增大，在摄入量增多的情况下尿结晶就不容易出现了。如果宝宝出生3天后仍出现尿结晶，就需要结合妈妈的泌乳情况，宝宝的进食情况、精神及体重状态等一系列指标来评估妈妈的母乳量是否充足。

专栏三

新生儿黄疸不要慌

车宁

卓正医疗儿科、儿童保健医生
北京大学医学部博士

001 新生儿黄疸的"真面目"

新生儿黄疸是一个非常常见的问题，据统计，有大约一半的宝宝会在出生后出现肉眼可见的黄疸，在东亚人群中黄疸的发生率更高。黄疸不是什么大毛病，却非常让人烦恼，其实很多妈妈关心的问题都是相似的，总结起来主要有以下几个方面：

（1）宝宝为什么会出现黄疸？

（2）宝宝的黄疸严重不严重？

（3）宝宝的黄疸是不是病理性的？

（4）黄疸会对宝宝产生什么影响？

（5）黄疸应该如何治疗？坊间流传的吃药、晒太阳、喝糖水等方法靠不靠谱？

（6）母乳性黄疸是怎么回事？出现母乳性黄疸是不是就不能喂母乳了？是不是只要停3天母乳之后黄疸症状减轻了，就可以诊断是母乳性黄疸？母乳性黄疸能不能通过化验母乳来确认？

（7）出现母乳性黄疸时宝宝还能不能打疫苗？

接下来我会详细讲解黄疸的来龙去脉以及常见的误区，以帮助新手妈妈和准妈妈对新生儿黄疸有所了解并做好准备，从而减少慌乱和焦虑。

∞ 002 什么是黄疸

黄疸其实是一种症状，是一个外在的表现，它的本质是血液中的胆红素水平升高了。血液中的胆红素水平升高，这在医学上被称为"高胆红素血症"。那么胆红素是什么呢？胆红素其实是红细胞死亡之后的产物。人体内的血细胞不是一成不变的，会不断地产生新生的红细胞，也会不断地有红细胞衰老和死亡。当红细胞死亡之后，它里面的血红蛋白就会变成胆红素，这些胆红素会经过肝脏的处理，随着胆汁进入肠道，最后随着大便一起被排出体外。

正常成年人每天代谢产生的胆红素能够被自己的肝脏完全处理掉，因此不会出现黄疸。但是，如果红细胞破坏增多导致胆红素生成增加，或者肝脏功能异常导致其处理胆红素的能力下降，又或者胆汁中的胆红素无法排出，那么血液中的胆红素水平就会升高。由于胆红素是橙黄色的，当胆红素水平升高到一定程度，皮肤和黏膜就会呈现黄色，这就是黄疸。

那黄疸到底是什么样子呢？简单说就是皮肤和黏膜发黄。宝宝刚出生的时候，他们的红细胞总数是很高的，因此皮肤整体会显得很红，可能会遮盖住黄疸的颜色，没有经验的新手父母可能就不太容易留意到这个问题。这时候应该怎么办呢？妈妈可以用手指压一下宝宝的皮肤，让皮肤的血色暂时褪去，然后再观察，此时黄色就比较清楚了。另外，也可以观察宝宝的巩膜，也就是老百姓说的白眼珠，如果宝宝的白眼珠发黄了，那肯定就是有黄疸了。

∽∽ 003 新生儿黄疸的成因

为什么会有这么多宝宝出现黄疸呢？这其实与新生儿的生理特点有关。

当胎儿在妈妈肚子里的时候，他们产生的胆红素会经过胎盘进入妈妈的血液，被妈妈的肝脏处理然后排出。当宝宝出生之后，由于切断了和妈妈的直接联系，其产生的胆红素就只能靠自己的肝脏来处理了。一方面，新生儿的肝脏发育还不成熟，处理胆红素的效率比较低，另一方面，宝宝出生时体内的红细胞总数要比成人高很多，但出生后身体不再需要那么多的红细胞了，因此"多余"的红细胞便会死亡，从而产生胆红素。一边是处理胆红素的效率降低，另一边是产生的胆红素大量增多，新生儿体内的胆红素水平就升高了，最终形成了黄疸。

除了生理性的因素，一些其他因素也可能导致新生儿黄疸加重。例如，新生儿溶血导致红细胞破坏增多；奶量不足导致宝宝没有及时排出大便，使得大便中的胆红素又被重新吸收到血液里面；头颅血肿；等等。这些都是常见的新生儿黄疸的成因。

严重的感染、红细胞的先天缺陷（如蚕豆病）等疾病也会造成红细胞破坏的增加，先天性甲状腺功能减低、先天性胆道闭锁、病毒性肝炎等疾病也会导致黄疸长期不退。

母乳喂养可能会导致一部分宝宝黄疸消退延迟，这就是人们常说的"母乳性黄疸"。

∽೨ 004 如何判断宝宝的黄疸是否严重

想要知道宝宝的黄疸严不严重，首先就要检测胆红素水平，常用的检测方法是经皮胆红素测定和血清总胆红素测定。

经皮胆红素测定的优点是操作方便、宝宝没有痛苦，缺点是容易受新生儿皮肤色素的影响，结果不够准确，尤其在胆红素水平较高时容易出现较大误差，测定结果会低于实际水平，因此通常只用于筛查。

当经皮胆红素测定值接近需要治疗的水平（如界值的 70%）时，应该通过血清总胆红素测定，即抽静脉血查血清总胆红素水平来确认胆红素水平。

血清总胆红素水平是诊断新生儿高胆红素血症的金标准，目前所有针对黄疸的治疗标准都是按血清总胆红素水平来制定的。另外，有少数医院开展了末梢血（手指或足跟血）的胆红素检测，也可作为筛查的手段。

肯定有人会问，既然黄疸的表现是皮肤发黄，那我们能不能通过肉眼来判断呢？理论上讲，新生儿出现黄疸时，通常脸上的皮肤最先开始出现黄色，随着胆红素水平的升高，黄色逐渐按从头到脚的方向向全身扩展，也就是说，黄色出现的范围越广就说明黄疸越重。

但是，我们并不建议大家只凭肉眼观察来判断黄疸的严重程度，这主要有两方面的原因。一方面，咱们黄种人自身的黄皮肤会产生一定的干扰，尤其是对缺乏经验的新手父母来说，单纯靠肉眼判断是不可靠的；另一方面，黄疸的严重程度除了跟胆红素水平有关，还跟新生儿的胎龄、出生后的小时数及有没有其他疾病等情况有关，这些信息都需要由医生综合起来再进行分析和判断。

〰️005 黄疸对宝宝的伤害

大多数新生儿的黄疸程度比较轻微，不会对宝宝造成伤害，只有少数严重的黄疸可能会对宝宝产生不利的影响。

有一个真实的案例。一个出生 6 天的宝宝，他出生时体重为 4 千克，母子健康，出生 2 天后从产科出院的时候没有黄疸，等到出生后第 6 天回产科去采足跟血的时候，护士看了一眼说"这宝宝怎么那么黄呀，赶紧去儿科看吧！"于是家人就带宝宝去了儿科。到儿科以后，医生先给宝宝做了经皮胆红素测定，结果显示已经高到无法给定结果。

后来医生给宝宝做了很积极的治疗让胆红素下降到了正常水平，但是这个宝宝直到从儿科出院的时候，他的神经系统检查仍然是有异常的，估计他很可能会留下后遗症。

这个宝宝之所以会出现神经系统的异常，是由于胆红素具有神经毒性。正常人的血液和脑组织之间存在着一个叫"血脑屏障"的组织，它可以阻止血液中的胆红素进入脑组织，但是，当胆红素水平升得过高，或者在某些疾病状态下血脑屏障出现异常时，有一部分胆红素就有可能透过血脑屏障进入神经系统，进而引起脑细胞死亡，导致神经系统的损害。由于神经系统损害是永久的、不可逆的，因此，预防胆红素水平过度升高非常关键。

这虽然听上去很可怕，但是好在重度高胆红素血症的发生率非常低，绝大多数宝宝的黄疸并不会特别严重，而且及时的治疗通常能够有效地降低胆红素水平。因此，妈妈们不需要过度担心，只需要重视这个情况，如果觉得黄疸增长得太快、太严重了，一定要及时就医进行治疗。

∽ 006 如何区分生理性黄疸和病理性黄疸

如果遇到以下几种情况那宝宝很可能是病理性黄疸，需要及时就医。

第一，宝宝出生后 24 小时内出现的黄疸要特别注意，因为新生儿的生理性黄疸通常会在生后 2 ~ 4 天出现，过早出现黄疸可能提示宝宝存在其他疾病，应该由医生进一步检查。当然，只要是在医院分娩的宝宝，这时候都还在住院期间，产科的医生和护士也会留意这个问题，因此不用太过担心。

第二，宝宝出生后 5 ~ 7 天也是一个需要留意的时间段，这个时候的黄疸往往是最容易被忽视的。由于新生儿早期黄疸在这个时期会达到高峰，而家长由于缺乏经验，不一定能及时观察到黄疸的加重，因此，建议家长在这几天内就近带宝宝做一次经皮胆红素测定进行筛查，如果筛查的结果比较高，就需要进一步到儿科就诊。

第三，黄疸持续的时间太长。理论上讲，足月新生儿的黄疸会在出生后两周之内消退，早产儿则会在四周内消退，如果超过这个时间黄疸没有消退，那就需要找医生来判断是不是有疾病因素导致了黄疸消退时间的延长。

第四，黄疸消退后又加重了，或者黄疸长时间不退并且伴有吃奶不好、体重不长、大便颜色发白等症状，这些表现都提示宝宝有可能患有其他会导致黄疸的疾病，需要医生检查来确认。

第五，黄疸期间的宝宝出现不吃奶、反应差、昏昏欲睡、不同寻常地尖声哭叫、抽搐、发热等情况，往往是病情严重的表现，需要立即就医，不能耽误。

妈妈们常常会遇到这样的疑问：宝宝测了胆红素水平是 15mg/dL，或者是别的数值，那是不是病理性黄疸呢？事实上，生理性黄疸和病理性黄疸并不是简单靠一个数值来区分的。

生理性黄疸的正常范围不是绝对的，它会受多种因素的影响，如宝宝出生时的孕周数或出生后的天数等。举例来说，如果刚出生 1 天的宝宝胆红素水平为 15mg/dL，那这个水平对他来说就太高了，就可以判定为病理性黄疸，但如果是一个已经出生 7 天的宝宝胆红素水平是 15mg/dL，身体也没有其他异常，那他的黄疸就很可能不需要处理。总之，到底是不是病理性黄疸，医生需要根据黄疸发生的时间、进展的快慢、宝宝身体有没有其他症状、妈妈围产期的特殊病史及合并症等多种因素综合分析来做出判断，所以没办法只根据单纯的胆红素水平数值给出结论。

简单点说，妈妈们只需要注意以下两点：第一，胆红素水平高到了可能导致神经系统损伤的程度；第二，宝宝的黄疸是由疾病因素造成的。如果存在这两种情况之一，那就是病理性黄疸，如果没有，那就没有关系，不必担心。

∾ 007 新生儿黄疸应该如何治疗

这里所讲的治疗，指的是针对胆红素水平升高本身的治疗。如果是由于其他疾病导致的黄疸，那根本的治疗在于解决原发的疾病，这里就不详细展开了。

目前已经确定的针对黄疸有效的治疗方法主要是光疗和换血。光疗是最常用的也是最安全、有效的方法，是黄疸最主要的治疗方法，其原理是通过特定波长的光照来改变胆红素的结构，降低胆红素的神经毒性，同时让胆红素加速排出体外。

有的妈妈一听说要光疗就被吓到了，担心光疗会让宝宝很痛苦、会有很严重的副作用等，事实上，光疗听上去有点吓人，其实是很安全的。接受光疗最常见的不良反应包括暂时的发热和皮疹等，但通常都比较轻微，宝宝停止光疗后很快就能恢复正常。

换血疗法是通过输入正常的血液来替出有过高胆红素的血液，它通常用于光疗失败、重度高胆红素血症或是已经出现神经系统损害表现的患儿。

那到底何种程度的黄疸需要进行光疗呢？

其实这个问题也没有一个"一刀"切的指标，因为光疗的最终目的是为了防止发生神经系统损害，而神经系统损害的发生除了跟胆红素水平有关，还同宝宝自身的状况相关。因此，光疗的指征是要结合宝宝的胎龄、日龄、围生期是否缺氧、合并症情况等多种因素来考虑的，简单说就是早产的宝宝比足月的宝宝治疗标准要低，出生 1 ~ 2 天的宝宝比出生 6 ~ 7 天的宝宝治疗标准要低。

如果宝宝存在窒息、感染等病史，那么治疗的标准也要降低。例如，一个出生体重不满 1.5 千克的早产儿，只要他出现了肉眼可见的黄疸，医生就要考虑给他进行光疗了，因为这样的早产儿血脑屏障发育不成熟，对胆红素的耐受能力更差，黄疸更容易影响神经系统。再如，一个足月出生但是合并有脑膜炎的新生儿，由于感染可能导致血脑屏障的通透性增加，会让胆红素更容易渗透过去，因此他的黄疸也要积极光疗。

妈妈们可能还有一个疑问——黄疸能不能通过口服某种药物来治疗？

在回答这个问题之前，请大家先记住一句话，那就是：在新生儿黄疸的治疗上，没有任何的口服药物值得推荐。

日常生活中，人们对于黄疸的治疗有几个常见的误区。第一个常见的误区是吃中成药退黄。市面上有不少宣称有退黄作用的中成药，其中大都含有致泻的成分，目的就是通过腹泻来加速胆红素的排出。这样确实能够在一定程度上减轻黄疸，但新生儿的胃肠道还没有发育成熟，这样人为造成的腹泻一旦开始就不容易缓解。有不少宝宝吃完中成药后黄疸是退了，但腹泻却越来越严重，反复腹泻还造成了体重不增和严重的尿布皮炎，大人和宝宝都很痛苦。而且中成药成分复杂，大多未经过安全性的验证，不良反应不明确，为了一个小小的黄疸，给肝肾发育都不成熟的新生儿吃这些可能有害的东西其实是不值得的。

第二个常见的误区是吃益生菌退黄。有人认为益生菌有"调理肠道"的作用，既然胆红素要通过肠道排出，那吃点益生菌可以让胆红素排出得更快些。事实上，这个观点并没有任何切实的证据支持，也就是说，它只是停留在想象的层面而已。

第三个常见的误区是晒太阳退黄。晒太阳退黄应该是在黄疸治疗方面流传最广的一个误区了，甚至有不少产科的医护人员也会这样建议。晒太阳之所以容易被推荐，是因为它操作简单且零成本，且晒太阳本身的确有一定的退黄作用。前面提到治疗黄疸最有效的方法是光疗，太阳光中就含有蓝光的成分，因此晒太阳确实能够使胆红素水平降低。光疗的方法之所以被发现，最初就是因为护士发现靠近窗边的宝宝接受光照多那部分皮肤黄疸消退更明显。但是为什么现在不再建议大家通过给宝宝晒太阳来退黄呢？这主要有两方面的原因。

第一个原因就是晒太阳退黄效率低下。光疗的效果与接受照射的面积、光照的强度及持续的时间等都有关系。光疗的时候，宝宝除了穿着纸尿裤和戴着保护眼睛的眼罩范围，其余部位的皮肤是完全无遮挡的，在这样的条件下用蓝光进行照射，通常需要 12 ～ 24 小时才能使胆红素水平下降到比较安全的范围。对比一下就知道，自己在家给宝宝晒太阳很难达到这样的照射面积和时间长度，因此效果肯定也是大打折扣的。

有的家长可能会问，如果宝宝只是有一点点黄，不需要那么高的效率，是不是就可以通过只晒太阳来治疗黄疸了呢？答案依然是否定的，这也是不建议晒太阳的第二个原因——小宝宝晒太阳存在安全隐患。太阳光中含有紫外线，对宝宝的眼睛和皮肤都会造成伤害，眼睛可以遮挡，皮肤就没有办法进行遮挡了（遮挡起来也就没有了"晒"的意义）。同时，太阳光中还含有大量的红外线，具有明显的升温作用，而宝宝自我调节体温的能力差，容易受环境温度影响，因此，长时间晒太阳容易造成宝宝体温过高。

综上所述，晒太阳是一种效率低而且不安全的退黄方法，不应当被提倡。如果宝宝的胆红素水平已经高到需要干预的程度，那就应该去医院进行规范的光疗，自己晒太阳有可能会延误病情，甚至造成更严重的后果。如果胆红素水平还没有高到要处理的限度，那我们完全可以给宝宝一点耐心和时间，等待黄疸慢慢退下去，这时家长需要做的就是观察黄疸的变化情况、宝宝的精神状态及吃奶和大便的情况，在必要的时候再带他们去医院就可以了。

第四个常见的误区是喝葡萄糖水退黄。这个做法流传也很广泛，但事实上，葡萄糖水对治疗黄疸没有任何帮助，反而会占据宝宝本来就不大的胃容量，从而造成吃奶减少、排便减少。前面讲过，胆红素最终是要进入肠道随大便一起排出的，排便少了，胆红素排出自然也就减少，胆红素长时间停留在肠道会增加肠道重吸收的机会，反而不利于退黄。同时，葡萄糖在肠道中吸收很快，且能够直接进入血液，因此给新生儿喝葡萄糖水容易造成其血糖快速升高，影响糖代谢。所以，给宝宝喝葡萄糖水来退黄也是错误的。

ᕲᕲ 008 特殊类型的黄疸

与母乳相关的黄疸可以分为两类，即母乳喂养性黄疸和母乳性黄疸，虽然这两种类型有时会被笼统称为"母乳性黄疸"，但其实二者有很大不同。

母乳喂养性黄疸大多发生于宝宝出生后 1 周内，发生原因主要是宝宝出生后早期喂养不足导致其肠蠕动不足，使得胎便不能及时排出，进而造成胆红素排出延迟和重吸收增加。由于发生时间与生理性黄疸重合，母乳喂养性黄疸往往不会被单独区分诊断。应对母乳喂养性黄疸最关键的办法就是增加喂养量，一方面要让宝宝多吸吮以刺激乳汁分泌，另一方面要注意纠正不正确的哺乳姿势，提高母乳喂养效率。如果妈妈因为某些医学原因暂时不能进行母乳喂养，也要给宝宝及时添加配方奶粉以保证其摄入足够的奶量。当然，如果胆红素水平达到干预标准，也需要及时光疗。

真正意义上的"母乳性黄疸"指的是第二种类型，一般在宝宝出生1周后开始出现，2周左右达到高峰。这种情况的宝宝，绝大多数胆红素水平不会特别高，但是可能会持续很长时间，有的甚至要到2～3个月后才完全消退。虽然暂停母乳2～3天可以观察到明显的黄疸减轻，但具体的发生机制还不明确。可能有很多妈妈会问："能不能通过化验母乳来判断母乳性黄疸呢？"答案是不可以。由于发生机制不明确，母乳性黄疸目前并没有确诊的方法，只能由医生通过综合分析宝宝的日龄、胆红素水平，黄疸出现的时间和变化规律，宝宝的精神状态、吃奶情况、大小便情况等一般状况，以及妈妈孕期和宝宝新生儿时期的疾病情况等多方面因素来判断。所以，母乳性黄疸其实是一个临床诊断，是临床医生经过分析排除了其他疾病之后所做的一个可能性的判断。

有人会问，不是说停3天母乳，母乳性黄疸就会减轻吗，那只要暂停母乳再观察黄疸有没有减轻，不就可以诊断了吗？在这里需要强调的是，不建议大家在没有经过任何临床分析的情况下就"一刀切"式地暂停母乳。前面讲了，因为母乳性黄疸是一个排除性的诊断，如果医生详细了解了病史并对宝宝进行检查后认为一切都好，患有其他疾病的可能性很低，那么就可以高度怀疑是母乳性黄疸，如果此时胆红素水平没有高到需要干预的程度，那么完全可以不做任何处理继续观察，不一定非要当时就"确诊"。

之所以不建议"一刀切"式地暂停母乳，是因为这样做不利于妈妈们坚持母乳喂养。有的妈妈暂停母乳3天后母乳量就变得很少，也有的宝宝突然更换配方奶粉后肠道不适应以致出现腹泻或便秘，其实如果黄疸本身不严重，妈妈和宝宝都没必要付出这些代价。

另外，在少数情况下，宝宝的黄疸可能会由母乳和疾病两种因素共同导致，自行暂停母乳，黄疸可能会有一定程度的减轻，这时候如果家长掉以轻心，反而容易延误另一种疾病的诊治。有一个真实的案例，一个出生 40 天的宝宝，在 1 周前去社区医院打疫苗的时候经皮肤测量其胆红素水平是 13mg/dL，回家后妈妈就停了 3 天母乳，3 天后去复查胆红素水平降到了 10mg/dL，然后就又停了 3 天母乳，结果再复查还是 10mg/dL，胆红素水平没有继续下降，于是家长就带着宝宝来到儿科就诊，当这个宝宝到我面前的时候，我一眼就觉得他黄疸的颜色跟别的宝宝不太一样，更暗沉一些，所以我给他抽静脉血查了肝功能，这个宝宝的肝功能结果非常不好，最终他被确诊为先天性的胆道闭锁，这是一种很少见的先天发育异常，如果这个宝宝家长当时粗心一点，就有可能会延误诊断。

　　再来说母乳性黄疸如何治疗。首先要明确一点，母乳性黄疸绝大多数时候是安全的，引起神经系统损害的风险非常低。国内专家关于母乳性黄疸的干预标准已形成共识：如果血清总胆红素 TSB > 257μmol/L（15mg/dL）可暂停母乳 3 天，改人工喂养，如果 TSB > 342umol/L（20mg/dL）则加用光疗。不过，国外的医生通常不会建议妈妈停止母乳喂养，因为母乳的好处是不可取代的。关于这个问题，我个人的观点是，胆红素水平只要在光疗标准以下都是安全的，因此虽然上述专家共识给出了暂停母乳的标准，但其实也只是说可以停而不是必须停。如果妈妈内心比较强大，当然可以选择不停，只是这个时候要做到更密切的监测，万一胆红素水平继续上升达到光疗标准，那就要直接去光疗了，另外，妈妈也需要做好心理准备，有的宝宝胆红素水平可能会始终达不到光疗标准，但也会很长时间不下降，这种情况往往会需要更多的耐心。

最后一个问题就是宝宝在母乳性黄疸期间能不能打疫苗。事实上，只要宝宝精神好，能吃、能睡、能玩，没有其他严重的并发症，黄疸本身是不影响疫苗接种的。2020年我国卫生部门发布的《国家免疫规划儿童免疫程序及说明》中也明确指出，生理性和母乳性黄疸不应作为疫苗接种禁忌，但是很多社区的疫苗接种点还是会对黄疸有严格的要求，超过一定数值就不给接种，这主要有两方面的原因：一方面，社区负责接种疫苗的人员并非专业儿科医生，无法准确判断宝宝的黄疸严重不严重；另一方面，由于母乳性黄疸在下降的过程中可能会有波动，如果恰好在接种完疫苗之后出现了黄疸升高，那就很有可能被认为与接种疫苗有关，因此接种人员也会倾向于等黄疸消退后再给宝宝接种。所以遇到这种情况，建议家长尽量跟社区接种人员沟通，如果实在沟通不了，那么推迟一段时间接种也是可以考虑的。根据实际情况来看，受黄疸影响最多的就是乙肝疫苗第二针。从预防接种的原理来讲，两剂乙肝疫苗之间不小于最短时间间隔就可以，也就是说，接种乙肝疫苗第二针和第一针之间只要不小于4周就可以，推迟一段时间并不会影响接种效果。不过，推迟接种虽然不影响疫苗的效果，却会推迟疫苗的保护作用，从而增加感染疾病的风险，所以如果条件允许，还是应该尽快完成接种。另外，如果妈妈本身是乙肝病毒携带者，宝宝就属于乙肝病毒感染的高危人群，那就不建议推迟疫苗接种了。

专栏四

宝宝疫苗接种指南和
常见问题

钟乐

卓正医疗儿童保健、儿童发育行为专科医生
中南大学湘雅医学院博士
上海交通大学医学院博士后
美国耶鲁大学医学院访问学者

001 哪些二类疫苗值得接种（一）（0～5月龄宝宝适用）

每个宝宝都需要接种疫苗，但是怎样选择疫苗才能给宝宝最周到的保护呢？是只要接种国家要求的疫苗就可以了，还是有自费的疫苗就尽量选择自费的？同一种疫苗一定要接种同一个厂家的吗？宝宝有流鼻涕和咳嗽的症状能够接种疫苗吗？

首先来看两张表格，表 4-1 是 2021 年版的我国国家免疫规划疫苗儿童免疫程序。

表 4-1 国家免疫规划疫苗儿童免疫程序（2021 年版）

名 称	接种年龄														
	出生时	1月	2月	3月	4月	5月	6月	8月	9月	18月	2岁	3岁	4岁	5岁	6岁
乙肝疫苗	1	2					3								
卡介苗	1														
脊灰灭活疫苗			1	2											
脊灰减毒活疫苗					3								4		
百白破疫苗				1	2	3				4					
白破疫苗															5
麻腮风疫苗								1		2					
乙脑减毒活疫苗								1			2				
或乙脑灭活疫苗								1、2				3			4
A 群流脑多糖疫苗							1		2						
AC 群流脑多糖疫苗												1			2
甲肝减毒活疫苗										1					
或甲肝灭活疫苗										1	2				

注：乙脑灭活疫苗第 1、2 剂间隔 7～10 天。

表 4-2 是卓正医疗根据内地的一类疫苗和二类疫苗的优缺点设计的

一个推荐接种程序。了解两种程序的主要差别，可以帮助家长为宝宝做出最合适的疫苗选择。

表 4-2　推荐儿童免疫程序

名　称	接　种　年　龄																		
	出生时	1月	6周	2月	3月	4月	5月	6月	7月	8月	9月	12月	15月	18月	2岁	3岁	4岁	5岁	6岁
乙肝疫苗	1	2						3											
卡介苗	1																		
五联疫苗[1]				1	2	3								4					
13 价肺炎球菌疫苗				1	2	3						4							
轮状病毒疫苗[2]				1			2+3												
肠道病毒 71 型疫苗								1	2										
麻腮风疫苗										1				2					
乙脑减毒活疫苗[3]										1					2				
AC 群流脑结合疫苗[4]					1	2	3												
ACYW 群流脑多糖疫苗																1			2
水痘疫苗												1					2		
甲肝灭活疫苗[5]													1	2					
白破疫苗[6]																			1
流感疫苗	每年接种																		

注：1. 五联疫苗可以预防百日咳、白喉、破伤风、脊髓灰质炎、流感嗜血杆菌五种感染性疾病。

2. 6～12 周龄开始口服第一剂轮状病毒疫苗，每剂间隔 4～10 周。第 3 剂接种不应晚于 32 周龄。

3. 新疆、西藏、青海三省不常规提供乙脑减毒活疫苗的接种。

4. 不同厂家的 AC 群流脑结合疫苗起种年龄和接种剂次可能不同，请根据厂家说明书确定接种程序。

5. 两剂甲肝灭活疫苗间隔 6 个月以上。

6. 白破疫苗建议每 10 年加强 1 次。

推荐程序建议给宝宝接种"百白破＋脊灰＋流感嗜血杆菌"五联疫苗，这个可以替代国家程序中的"百白破＋脊灰疫苗"。这样替换的好处在于可以减少宝宝接种的针次，减少去接种门诊的次数，同时五联疫苗还可以预防流感嗜血杆菌的感染。流感嗜血杆菌危害性很强，它可以引起很多不同的感染，如脑膜炎、肺炎、喉炎等。据世界卫生组织的统计，全球范围 5 岁以内宝宝的细菌性脑膜炎病例中有 60% 是感染流感嗜血杆菌导致的，这种脑膜炎病死率为 5%～10%，后遗症发生率高达 30%～40%，而且抗生素并不能有效阻止后遗症的发生。2 岁以内的婴幼儿即使因为感染流感嗜血杆菌而发病，也不能产生有效的抗体反应，但是接种疫苗可以，因此流感嗜血杆菌疫苗是非常建议接种的一种疫苗。如果宝宝没有接种五联疫苗，可以在 6 月龄的时候选择接种"流脑＋流感嗜血杆菌"的三联疫苗，也可以单独接种流感嗜血杆菌疫苗。目前我国流感嗜血杆菌疫苗还是自费疫苗，但是估计在下一次扩大免疫规范时，这个疫苗将被纳入国家免疫计划。

全程接种五联疫苗还有一个好处，就是其中的脊灰疫苗是注射用灭活 3 价脊灰疫苗（简称 IPV），它比口服的 2 价脊灰疫苗（简称 OPV）多 1 价。如果已经全程接种五联疫苗，那宝宝就不需要在 4 岁时再接种一次脊灰疫苗了。

如果接种点没有五联疫苗，家长可以选择为宝宝接种四联疫苗加脊灰疫苗。如果宝宝在接种了 1 ~ 2 剂四联疫苗和脊灰疫苗后，接种点又有五联疫苗了，那尚未接种的四联疫苗和脊灰疫苗可以更换为五联疫苗。

13 价肺炎球菌疫苗也是非常建议接种的一种疫苗。13 价肺炎球菌疫苗常常被简称为肺炎疫苗，但这个疫苗其实并不能有效地预防肺炎，因为 5 岁以内宝宝的肺炎最常见的病原体是病毒，所以并不是接种了肺炎疫苗，宝宝就不会得肺炎了。但肺炎疫苗也不仅仅是能预防肺炎球菌性肺炎这一种疾病，肺炎球菌还是引发菌血症、细菌性脑膜炎、化脓性中耳炎的重要病菌之一。现在市面上有辉瑞的沛儿 13 和云南沃森的沃安欣两种 13 价肺炎球菌疫苗，现有数据显示两者在安全性和效果上没有明显差异。

13 价肺炎球菌疫苗的常规接种程序是基础免疫 3 剂，宝宝出生 6 周以后开始接种，每间隔 1 ~ 2 月接种 1 剂，12 ~ 15 月龄时加强免疫，总共 4 剂。沛儿 13 有接种年龄限制，很多地区要求宝宝要在 7 月龄以内完成基础免疫，北京、广东等地将这个限制放宽到了 11 月龄内。沃安欣是 6 周龄至 6 岁前的儿童都可以接种。起始接种的年龄不同，接种程序略有差异。

进口 5 价轮状病毒疫苗需要口服 3 剂，接种也有时间限制，这和国外说明书的要求是一致的。宝宝 6 ~ 12 周时接种第一剂，此后每剂间隔 4 ~ 10 周，第 3 剂接种时间不能晚于 32 周龄。国产轮状病毒疫苗的接种要求是 2 个月至 3 岁的宝宝每年口服 1 次，3 ~ 5 岁的宝宝只需口服 1 次。从发布的数据来看，进口 5 价轮状病毒疫苗效果要优于国产轮状病毒疫苗。

〰002 哪些二类疫苗值得接种（二）（6 月龄以后宝宝适用）

6 月龄的宝宝接种流脑疫苗时建议用二类的 AC 群流脑结合疫苗替换一类的 A 群流脑多糖疫苗。结合疫苗的保护作用明显优于多糖疫苗，抗体滴度更高，维持时间也更长。所以深圳 CDC 强调接种点的医生需要明确告知家长这两种疫苗的差别，再让家长自主选择。但很多其他地区的接种点并不会告知家长们这个差异，造成家长们只知道这两种疫苗的不同之处在于一个是自费的，一个是免费的。

如果选择二类的 AC 群流脑结合疫苗，建议按照说明书接种，这样效果才会最好。有些厂家的 AC 群流脑结合疫苗可以在宝宝 3 月龄时就接种，但是因为国家程序中 A 群流脑多糖疫苗是在 6 月龄时接种的，所以接种点通常要到宝宝 6 月龄时才安排接种流脑疫苗。有一些接种点对 AC 群流脑结合疫苗也使用 A 群流脑多糖疫苗的接种程序，也就是间隔 3 个月，共接种 2 剂。但是一些厂家的 AC 群流脑结合疫苗是需要接种 3 剂的。家长如果选择了 AC 群流脑结合疫苗，可以自己保留药品说明书，要求接种点按说明书给宝宝进行接种。在 3 岁和 6 岁需要加强的时候，选择自费的 ACYW 群流脑多糖疫苗。

如果宝宝之前接种的是百白破疫苗，而非四联或五联疫苗，同时也没有单独接种流感嗜血杆菌疫苗，那这个时候可以选择 AC 群流脑结合疫苗加流感嗜血杆菌疫苗，通常简称为"三联疫苗"。

6 月龄以上的宝宝还可以接种流感疫苗，并且建议每年接种一次。流感疫苗每年通常在 9 ~ 10 月上市，建议大家在疫苗上市后尽快接种。有不少人，甚至包括一些医生认为流感病毒变异太快，接种效果不好，因此不建议接种。实际上，流感疫苗的效果虽然比很多疫苗的效果差一些，但有效率也可以达到 60% 以上，研究还发现接种流感灭活疫苗可以减少当年 77% ~ 91% 的流感确诊病例、降低 30% 的中耳炎发病率。流感可不是普通感冒，它症状重、传播速度快，对于宝宝、老年人、孕妇和一些慢性病患者来说，是很大的健康威胁。但是流感疫苗诱导的免疫只能维持 1 年的时间，因此需要每年接种。目前我国的流感疫苗有 3 价灭活流感疫苗（≥ 6 月）、4 价灭活流感疫苗（≥ 36 月）和鼻喷 3 价减毒活疫苗（3 ~ 17 岁），其中 4 价灭活流感疫苗对于 B 型流感的保护作用强于 3 价灭活流感疫苗。

要想达到最佳的接种效果，建议按照《中国流感疫苗预防接种技术指南（2020—2021）》接种：从未接种过两剂流感疫苗的 6 月龄 ~ 8 岁儿童，首次接种需要两剂次，间隔时间大于 4 周；已经接种过两剂流感疫苗的 6 月龄～8 岁儿童只需要接种 1 剂；8 岁以上的儿童和成人仅需接种 1 剂。但很可惜，流感疫苗的说明书上只建议之前没有接种过流感疫苗的 6～35 月龄儿童接种 2 剂。如果按照说明书，之前没有接种过流感疫苗的 3～8 岁儿童就只能接种 1 剂，这样保护作用就会差一些。图 4-1 是各年龄组流感疫苗接种剂次的图示。

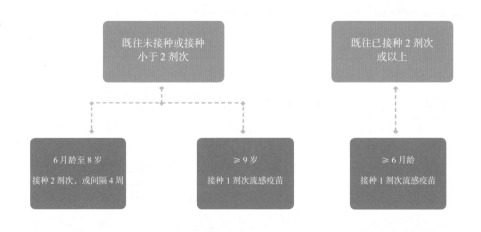

6 月龄的宝宝还推荐接种肠道病毒 71 型疫苗，俗称手足口病疫苗。手足口病是我国传染病发病率最高的疾病之一，虽然有 20 多种病毒可以引起手足口病，但 80% 的重症病例和 93% 的死亡病例是由肠道病毒 71 型导致的。接种手足口病疫苗虽然不能保证宝宝不得手足口病，但是宝宝得重症手足口病的概率会大大降低。肠道病毒 71 型疫苗的接种程序是 6 月龄～5 岁的儿童注射 2 剂次，间隔 1 个月。

可能有家长会问，手足口病容易在幼儿园里流行，那是不是可以等宝宝上幼儿园之前再去接种呢？我国手足口病诊疗指南鼓励大家在宝宝 12 月龄前完成手足口病疫苗的接种，因为虽然上幼儿园的宝宝最容易感染，但是更小的宝宝也同样有可能在公共场所或从家人身上接触到这些病毒从而被感染。并且，年龄越小的宝宝由于免疫力更弱，会更加容易出现重症感染，所以是推荐尽量早接种的，越早完成接种就能越早发挥保护作用。接种疫苗后的保护时间是很长的，只要接种过 2 剂，等到宝宝上幼儿园的时候也还是能继续发挥保护作用的。

8 月龄接种的麻腮风疫苗和乙脑疫苗建议都接种免费的疫苗。麻腮风疫苗只有免费疫苗。乙脑疫苗比较特殊，免费的乙脑减毒疫苗比自费的乙脑灭活疫苗效果更好。免费的乙脑减毒疫苗只需要接种 2 剂，8 月龄时 1 剂，2 岁时 1 剂。自费的乙脑灭活疫苗要在 8 月龄时接种 2 剂，间隔要 2 周以上，2 岁和 6 岁时各接种 1 剂，总共 4 剂。免费的乙脑减毒疫苗效果更好，安全性也更高。如果宝宝在 8 月龄时已经接种了 2 剂自费乙脑灭活疫苗，仍然可以在 2 岁时改为免费乙脑减毒疫苗。

推荐 1 岁的宝宝接种水痘疫苗，水痘疫苗在有些地区已经是免费疫苗了。水痘是一个传染性很强的疾病，如果家里有人患了水痘，没有免疫力的人有 90% 的概率会被感染。虽然大多数患水痘的人症状比较轻微，但是在没有水痘疫苗的年代，有 5% ~ 10% 的宝宝会出现并发症。如果成年人患了水痘，症状往往会更加严重，并发症也更多。如果孕妇患了水痘，还可能会影响胎儿和新生儿。如果孕妇在孕早中期感染水痘，那有 1% 的胎儿会发生先天性水痘综合征；如果孕妇临分娩时患了水痘，可能会导致新生儿水痘，病死率高达 30%。所以不光宝宝需要接种水痘疫苗，准备怀孕的、对水痘没有免疫力的女性也需要接种水痘疫苗。我们见过二胎孕妈妈因为照顾患水痘的老大而感染水痘的情况。

水痘疫苗的接种程序是：12 ~ 15 月龄接种第 1 剂，4 ~ 6 岁接种第 2 剂。只接种 1 剂疫苗保护率为 86%，但如果感染了水痘，也往往病情轻微。接种 2 剂，保护率可以提高到 98%。如果宝宝没有接种水痘疫苗但是班上有同学患了水痘怎么办呢？可以在接触水痘患者 3 天以内紧急接种水痘疫苗，这可以让水痘的感染概率从 78% 降低到 18%，而且即使感染上了，一般症状也会轻微。

还有一种女性很需要的疫苗但在推荐程序中没有放入，它就是人乳头状瘤病毒疫苗，俗称宫颈癌疫苗（HPV 疫苗）。儿童一般在 11 ～ 12 岁才接种，但对于 13 ～ 26 岁的女性和 13 ～ 21 岁的男性也是推荐接种的。接种程序是：11 ～ 15 岁用 0、6 ～ 12 个月 2 针免疫；15 周岁以上用 0、1 ～ 2、6 个月 3 针免疫。人乳头状瘤病毒感染是诱发宫颈癌的重要因素，而 HPV 疫苗能够有效预防宫颈癌。我国批准上市的 9 价 HPV 疫苗，其接种适应年龄范围是 16 ～ 26 岁女性。希望以后，我国会开放给男孩接种 HPV 疫苗。

有的接种点会推荐 2 岁以上的儿童接种 23 价肺炎球菌疫苗，但是这个疫苗并不是所有的儿童都推荐接种的，只推荐患肺炎球菌疾病风险增加的儿童接种，如反复发生中耳炎、鼻窦炎或其他上呼吸道感染的儿童等，没有这些情况的儿童不需要接种 23 价肺炎球菌疫苗，因为并没有太大帮助。与此不同的是，所有的儿童都推荐接种 13 价肺炎球菌疫苗。

对于 2 岁以上患肺炎球菌疾病风险增加的儿童，推荐接种 23 价肺炎球菌疫苗，而容易导致患肺炎球菌疾病风险增加的情况主要包括：

（1）慢性心脏疾病，特别是发绀型先天性心脏病和心力衰竭。

（2）慢性肺部疾病，包括需要高剂量口服激素治疗的哮喘。

（3）慢性肾脏衰竭。

（4）慢性肝脏疾病，肝硬化。

（5）肾病综合征。

（6）糖尿病。

（7）脑脊液漏。

（8）人工耳蜗。

（9）酗酒。

（10）镰状细胞病和其他血红蛋白病。

（11）解剖性或功能性无脾。

（12）先天性或获得性免疫缺陷。

（13）HIV 感染。

（14）需要免疫抑制剂治疗或放疗的疾病。

（15）实体器官移植。

🦠003 如果宝宝没有按时接种疫苗怎么办

除了 5 价轮状病毒疫苗超过年龄不能接种，没有按时接种的疫苗可以采用补种程序接种。

表 4-3 是一类疫苗补种程序。例如，一个宝宝因为湿疹或黄疸，应该在 1 月龄时接种的第二针乙肝疫苗到了 4 月龄时才接种。其实湿疹或黄疸都不是接种疫苗的禁忌，但如果宝宝因此推迟了疫苗的接种，就可以用上补种程序。如表 4-3 所示，乙肝疫苗的第 3 剂和第 2 剂间隔至少 8 周，和第 1 剂间隔至少 16 周，所以这个宝宝的第 3 剂乙肝疫苗还是可以在 6 月龄时再接种的。

表 4-3　一类疫苗补种程序

疫苗种类	补种最短时间间隔		
	第 1 剂与第 2 剂	第 2 剂与第 3 剂	第 3 剂与第 4 剂
乙肝疫苗	4 周	8 周，距离第 1 剂至少 16 周	—
脊灰疫苗	1 个月	1 个月	6 个月
百白破疫苗	1 个月	1 个月	6 个月
麻腮风疫苗	1 个月	—	—
乙脑疫苗	6 个月	—	—
流脑疫苗	3 个月	1 年	3 年
甲肝疫苗	6 个月	—	—
白破疫苗	1 个月	—	—

表 4-4 是部分二类疫苗的补种程序。例如，水痘疫苗接种程序是 1 岁时接种第 1 剂，4~6 岁时接种第 2 剂，补种程序是第 1 剂和第 2 剂至少间隔 3 个月。如果一个宝宝到 4 岁才接种水痘疫苗，那他的第 2 剂水痘疫苗接种应该在 3 个月以后。

表 4-4　二类疫苗补种程序

疫苗种类	补种最短时间间隔			
	第 1 剂与第 2 剂	第 2 剂与第 3 剂	第 3 剂与第 4 剂	第 4 剂与第 5 剂
五联疫苗（5 岁以上儿童不能接种）	4 周	4 周	6 个月（至少 12 月龄）	
脊灰疫苗（巴斯德）	1 个月	1 个月	1 年（如果 4 岁或以后接种，不需第 5 剂）	6 个月（至少 4 岁）
灭活甲肝疫苗	6 个月	1 个月		
水痘疫苗	3 个月（13 岁以上为 4 周）			

13 价肺炎球菌疫苗的补种程序相对复杂，国产 13 价肺炎球菌疫苗和进口 13 价肺炎球菌疫苗分别有不同的补种流程，各个城市在具体执

行时也有不同规定，如果需要补种，可以到接种地疫苗接种点咨询，也可以咨询当地的儿科医生。以国产 13 价肺炎球菌疫苗（沃安欣）为例，其补种程序如表 4-5 所示。

表 4-5　国产 13 价肺炎球菌疫苗（沃安欣）补种程序

起始接种年龄	要　求				
	基础免疫		加强免疫		
	剂次	最小间隔	剂次	时间要求	与前一剂次最小间隔
1.5 月龄	3	2 个月	1	≥ 12 月龄	2 个月
3 月龄	3	1 个月	1	≥ 12 月龄	2 个月
7 月龄	2	2 个月	1	≥ 12 月龄	2 个月
12 月龄	1	—	1	≥ 12 月龄	2 个月
24 月龄至 6 岁前	1	—	—	—	—

004 疫苗的慎用证和禁忌证

先来介绍一下接种疫苗的"伪禁忌证"，也就是实际上可以接种，但被误认为不能接种的情况，其中最常见的一种就是一些接种点要求看上去健康的宝宝要经过医生检查身体、看看喉咙后才能够接种，其实这个规定是没有必要的。即使宝宝被发现喉咙红，也是可以接种疫苗的。一方面，喉咙红的判断非常主观，宝宝很可能没有任何症状，之后也不会表现出疾病；另一方面，即使宝宝患有咽炎或扁桃体炎，如果病情轻微也是不影响疫苗接种的。我女儿每次接种的时候都会被问一句"有没流涕和咳嗽"来排查感冒，其实患轻型的疾病，如轻型的呼吸道感染和胃肠炎等都是可以接种疫苗的，因为接种疫苗并不会让现有的病情加重，而轻微的疾病也不会影响疫苗的效果。

一些稳定的神经性疾病，如脑瘫、控制良好的惊厥、热性惊厥和发育迟缓等也是可以接种疫苗的。有的接种点还有 3 月龄的宝宝必须经过体检、必须竖头稳才能接种百白破疫苗的情况，也有的宝宝因发生过热性惊厥，必须查脑电图且结果显示正常才能接种疫苗的情况，其实这些都是不合理的。

处于哺乳期的妈妈是可以接种疫苗的，不会影响母乳喂养。宝宝在服用抗生素或抗病毒药物期间也是可以接种疫苗的，但有一种情况例外，那就是接种水痘疫苗的时候服用阿昔洛韦、更昔洛韦、伐昔洛韦等药物会抑制水痘病毒增殖的效果。有的宝宝接种疫苗后碰巧生病了，医生给开了抗生素，家长担心会影响疫苗的效果。其实家长大可放心，这种情况是不会影响疫苗效果的。

营养不良的宝宝更需要接种疫苗。在疾病恢复期的宝宝也是可以接种疫苗的，时间上也没有什么限制，如宝宝必须要在肺炎痊愈后多久或达到什么条件才能够接种等。

如果宝宝之前接种疫苗时发生过晕厥，这往往是因为晕针或对于针刺本身产生的反应，而不是对疫苗的反应。这样的宝宝依然可以接种疫苗，但是会有再次出现晕厥的可能。局部发红、疼痛和肿胀是常见的疫苗接种反应，不影响下一次的接种。

综上所述，以下都不是接种疫苗的禁忌证。

（1）看起来健康的人还没进行体检。

（2）稳定的神经性疾病，包括脑瘫、控制良好的惊厥、热性惊厥、发育迟缓等。

（3）轻型疾病，包括轻型呼吸道疾病、轻型胃肠炎等。

（4）哺乳期。

（5）抗生素或抗病毒治疗（除非是影响水痘病毒增殖的药物与水痘疫苗接种）。

（6）营养不良。

（7）疾病恢复期。

（8）以前接种发生过晕厥。

（9）以前接种后局部发红、疼痛或肿胀。

禁忌证是不能够接种疫苗的情况，慎用证是除非利大于弊，否则应该推迟接种疫苗的情况。接种疫苗确实存在禁忌证和慎用证，但并不是很多。

例如，美国儿科学会认为，出生体重不足 2 千克的宝宝是不适宜接种乙肝疫苗的，因为效果不好。但是如果妈妈患有乙肝，那权衡利弊，宝宝还是应该接种乙肝疫苗的，只不过出生时接种的这一剂忽略不计，要在满月后，按照 0、1、6 个月的程序重新完成乙肝疫苗的接种。表 4-6 列出了常用疫苗的禁忌证和慎用证。一般而言，禁忌证主要是对疫苗成分严重过敏，慎用证主要是伴有或不伴有发热的急性中重度疾病。像湿疹、母乳性黄疸这些情况都不属于需要延迟接种的范畴。

表 4-6　常用疫苗的禁忌证和慎用证

疫苗种类	禁忌证	慎用证
乙肝疫苗	对疫苗成分过敏或上次接种后产生严重过敏反应（如过敏性休克）	· 伴有或不伴有发热的急性中重度疾病 · 体重低于 2 千克的婴儿（HBsAg 阳性或不详的母亲所生早产儿、低体重儿也应在出生后 24 小时内尽早接种第 1 剂乙肝疫苗，但在婴儿满 1 月龄后，再按 0、1、6 个月程序完成 3 剂次乙肝疫苗免疫）

疫苗种类	禁忌证	慎用证
轮状病毒疫苗	·对疫苗成分过敏或上次接种后产生严重过敏反应（如过敏性休克） ·严重联合免疫缺陷（SCID） ·肠套叠病史	·伴有或不伴有发热的急性中重度疾病 ·严重联合免疫缺陷（SCID）外的其他免疫功能受限 ·慢性胃肠道疾病 ·脊柱裂或膀胱外翻
流脑疫苗	·对疫苗成分过敏或上次接种后产生严重过敏反应（如过敏性休克） ·癫痫：癫痫是疫苗说明书的禁忌证，但美国CDC认为有与疫苗无关的稳定神经系统紊乱（包括癫痫）症状的儿童或有家族性癫痫史的儿童可以常规接种疫苗	·伴有或不伴有发热的急性中重度疾病
百白破疫苗 白破疫苗	·对疫苗成分过敏或上次接种后产生严重过敏反应（如过敏性休克） 含百日咳成分疫苗：前次注射后7天内出现非其他确定病因的脑病（如昏迷、意识障碍、持续抽搐）	·伴有或不伴有发热的急性中重度疾病 ·之前注射含破伤风毒素疫苗的6周内出现格林—巴利综合征 ·前次注射含破伤风或白喉毒素疫苗后出现阿瑟氏反应。 ·含百日咳成分疫苗：进行性或不稳定的神经系统疾病（如婴儿痉挛症）、未控制的癫痫、进行性脑病。规范治疗并且情况稳定后方可接种 以下仅限于百白破（DTaP） ·前次注射后48小时以内出现40.5摄氏度或以上的高热 ·前次注射后48小时以内出现昏迷或休克样状态 ·前次注射后3天之内出现抽搐 ·前次注射48小时以内出现持续3小时或者更久的、难以安抚的哭闹
流感嗜血杆菌疫苗	·对疫苗成分过敏或上次接种后产生严重过敏反应（如过敏性休克） ·小于6周龄	·伴有或不伴有发热的急性中重度疾病
脊灰灭活疫苗	·对疫苗成分过敏或上次接种后产生严重过敏反应（如过敏性休克）	·伴有或不伴有发热的急性中重度疾病 ·怀孕

疫苗种类	禁忌证	慎用证
麻腮风疫苗	· 对疫苗成分过敏或上次接种后产生严重过敏反应（如过敏性休克） · 严重免疫缺陷 · 怀孕	· 伴有或不伴有发热的急性中重度疾病 · 近期（11 个月之内）接受含抗体的血液制品 · 血小板减少症病史（这类患者接种疫苗后会增加发生血小板减少症的风险） · 需要做结核皮试
水痘疫苗	· 对疫苗成分过敏或上次接种后产生严重过敏反应（如过敏性休克） · 严重免疫缺陷（如血液或实体肿瘤、化疗、先天免疫缺陷、长期免疫抑制治疗，有严重免疫缺陷的 HIV 患者） · 怀孕	· 伴有或不伴有发热的急性中重度疾病 · 近期（11 个月之内）接受含抗体的血液制品 · 接种前 24 小时使用某些抗病毒药（如阿昔洛韦、更昔洛韦、伐昔洛韦），接种后 14 天内避免使用这些药物
13 价肺炎球菌疫苗 23 价肺炎球菌疫苗	· 对疫苗成分过敏或上次接种后产生严重过敏反应（如过敏性休克）	· 伴有或不伴有发热的急性中重度疾病
甲肝疫苗	· 对疫苗成分过敏或上次接种后产生严重过敏反应（如过敏性休克）	· 伴有或不伴有发热的急性中重度疾病
流感疫苗	· 对疫苗成分过敏或上次接种后产生严重过敏反应（如过敏性休克）	· 伴有或不伴有发热的急性中重度疾病 · 前次注射 6 周内出现格雷 - 巴利综合征 · 怀孕 3 足月内（处于流感并发症风险中的孕期妇女，不管处于孕期什么阶段，都推荐接种）
乙脑疫苗	· 对疫苗成分过敏或上次接种后产生严重过敏反应（如过敏性休克） · 癫痫：癫痫是疫苗说明书的禁忌证，但美国 CDC 认为有与疫苗无关的稳定神经系统紊乱（包括癫痫）症状的儿童可以常规接种疫苗	· 伴有或不伴有发热的急性中重度疾病

专栏四　宝宝疫苗接种指南和常见问题

∾⦾ 005 其他常见问题

如果宝宝没有按时接种疫苗，延迟接种会影响疫苗的效果吗

延迟接种不会影响疫苗效果，但是会让疫苗的保护作用延迟产生。如果后续的剂次延误了接种，不需要从头开始重新接种，只需按照前面介绍的补种程序加速完成接种就可以了。回到前面的例子，如果宝宝第2剂乙肝疫苗推迟到第4个月才接种，是不会影响疫苗效果的，也不需要按照0、1、6个月的时间间隔重新接种，只需要按照补种程序按时完成第3剂接种就可以了。

同一种疫苗是不是最好接种同一个厂家的

大多数情况下，不同生产厂家的疫苗是可以互换使用的。例如，宝宝在出生的医院注射了第1剂乙肝疫苗，而满月后的第2剂要到社区去接种，两个地方使用的疫苗可能会不一样，但这样做并不会影响接种效果。不过百白破疫苗、宫颈癌疫苗和轮状病毒疫苗最好全程接种同一厂家的疫苗。如果这几种疫苗暂时没有相同厂家的，或者不知道之前接种疫苗的生产厂家，那不推荐推迟接种，而是建议直接接种现有的疫苗。

但是，针对相同疾病的不同类别的疫苗是不能够互相替代的。例如，之前已经接种了A群流脑多糖疫苗，要想改接种AC群流脑结合疫苗，那这一针A群流脑多糖疫苗应该忽略不计，因为它是不能够替代AC群流脑结合疫苗的。同样，13价肺炎球菌疫苗和23价肺炎球菌疫苗也是不同类别的疫苗，也是不能够相互替代的。

宝宝已经患过了某种疾病，还需要接种针对这种疾病的疫苗吗

这需要根据疾病后免疫力持续的时间来判断。有一些疾病，即使已经患过病也应该接种相应的疫苗，例如，2 岁以内感染流感嗜血杆菌后身体并不能产生免疫，百日咳自然免疫持续时间尚不清楚，13 价肺炎球菌疫苗、宫颈癌疫苗等可以预防多种血清型感染，因此对于这些疾病，即使患过病，也是建议接种的。另外，因为流感病毒变异快，流感疫苗能够预防 3 ~ 4 种血清型感染，所以不管是否患过流感，仍然推荐每年接种流感疫苗。

一旦感染水痘，免疫力可持续终身，但研究发现，9 月龄前患水痘的宝宝，有可能因为体内存在来自母亲的抗体，因此痊愈后自身免疫效果并不理想，在这种情况下最好仍然接种水痘疫苗。

除炭疽病外，患过病再接种疫苗也不会对身体有损害。例如，孕妇感染水痘的风险会很大，所以建议没有患过水痘的女性在准备怀孕的时候先接种水痘疫苗，3 个月以后再备孕。但是如果已经记不清楚到底有没有患过水痘，也不想查水痘抗体，那也是可以直接接种的。又如，如果宝宝之前患过手足口病，但并没有确诊是不是肠道病毒 71 型的感染，那也是可以接种手足口病疫苗的。

宝宝需要查乙肝抗体吗

大多数情况下，宝宝并不需要查乙肝抗体。因为按程序接种完 3 剂乙肝疫苗后，95% 以上的人能够产生有效的抗体滴度，所以如果没有高危因素，宝宝一般不需要查验乙肝抗体。接种后保护性抗体会逐渐减少，到了第3年只有74%的人依然有抗体，但基于人体的免疫记忆，疫苗的保护作用可以持续到青少年时期。所以3岁入园体检查到宝宝没有乙肝抗体，最可能的情况是之前有抗体，后来转为阴性了，但这依然有保护作用，并不需要重新接种疫苗。当然，这种情况下再次接种疫苗也没有妨碍，只是没有必要。

但是如果母亲乙肝表面抗原为阳性，那宝宝在9～18月龄需要检查乙肝表面抗体和抗原定量，确认有无感染，有没有产生抗体。推荐到9月龄之后才查是因为宝宝在出生时会注射乙肝免疫球蛋白，太早检查结果可能会受此干扰而不够准确。

宝宝需要接种这么多种疫苗，身体吃得消吗

完全不用担心这个问题。其实，每一天，人的免疫系统都需要接受来自口、鼻、肠道微生物的大量抗原，而疫苗的抗原数量是远不及宝宝自然接触到的抗原数量的。而且现在的疫苗"更纯净"，尽管宝宝接受的疫苗接种次数比过去增多，但是疫苗中的免疫学刺激物已经明显减少了。

宝宝接种疫苗后的一段时间内免疫功能会变弱吗

并不会。这个问题是不少家长担心的，也是研究者们非常关注的。研究发现，疫苗确实会暂时性抑制实验室证实的免疫反应，如迟发型过敏反应和某些淋巴细胞功能试验等，但并不会增加感染的发生率。有人统计了7种感染性疾病的住院儿童的情况，发现疾病与任何一种疫苗的接种都没有因果关系。倒是有统计发现，在疫苗接种后的几个月内，与疫苗无关的感染性疾病反而有所减少。这是因为感染本身会让人体对其

他病原更加敏感，如流感患者更容易感染肺炎球菌和葡萄球菌肺炎，水痘会增加溶血性链球菌感染的风险，所以接种流感疫苗还可以降低肺炎球菌和葡萄球菌的感染风险，接种水痘疫苗则可以降低溶血性链球菌的感染风险。

专栏五

详解儿童睡眠

王萍

卓正医疗儿科、儿童保健医生
北京中医药大学硕士

001 婴儿般的睡眠并不是"好"睡眠

自从当妈之后，每当看到广告说"让你拥有婴儿般的睡眠"，我就会在心中暗自"冷笑"，因为这句文案要么是没有娃的创意人员拍脑袋想出来的，要么就是上辈子拯救了银河系的"睡神"家长们的炫耀。事实上，对于养过宝宝的妈妈来说，婴儿特别是新生儿的睡眠完全没有"甜美""酣畅"可言，大家应该都记得宝宝在小月龄的时候睡眠有多么散碎、频繁，而每一次睡眠又是多么短暂。那么，婴儿的睡眠为什么这么不"甜美"呢？要了解这一点，就需要先了解睡眠的基础。

大家需要明确睡眠的几个大致分期，以及宝宝睡眠和成年人睡眠的区别。

根据睡眠时脑电波活动幅度的不同等因素，在医学上我们把睡眠分为快动眼睡眠和非快动眼睡眠两大类，在非快动眼睡眠中又根据脑电图的不同细分了 3 个不连续的分期，分别代表了最浅的睡眠状态、中等的睡眠状态及最深的睡眠状态。快动眼睡眠也就是所谓的"做梦"的时候，而非快动眼睡眠的三个分期可以理解为从浅睡逐渐加深，直到进入最深层的睡眠。

对于成年人来说，在睡眠一开始先是昏昏欲睡的状态，之后进入非快动眼睡眠时期，在此期间睡眠逐渐加深，到睡眠最深状态之后，又逐渐变浅然后进入快动眼睡眠阶段，在这个时候，我们会"做梦"，可能有些人在醒来的时候依旧会对梦境记忆犹新，目前，在医学上有一些假设认为这个时期是记忆巩固的时期。

对于婴幼儿来说，睡眠结构并不是这样的。新生儿的睡眠时间要明显长于成年人，睡眠比较"碎片化"且没有明确的昼夜节律。同时，在新生儿及小婴儿的睡眠过程中，往往是先出现快动眼睡眠，之后再逐渐出现非快动眼睡眠。等到宝宝3月龄之后，昼夜节律才会逐渐出现，并慢慢地呈现出和成年人相似的睡眠周期。换句话说，就是新生儿及3月龄以下的小宝宝在刚睡觉的时候就会立刻开始做梦，之后才会由浅睡眠逐渐进入深睡眠；当宝宝3月龄之后，睡眠状态变为从浅睡眠逐渐进入深睡眠，之后再出现梦境。

除此之外，随着宝宝的月龄增长，每一个睡眠周期的时长也会逐渐延长。在小婴儿阶段，每一个睡眠周期的长度只有30~45分钟，这也是我们觉得小婴儿的睡眠很散碎的原因。等到成年人时期，每一个睡眠周期的时长会有90~120分钟。也就是说，随着宝宝逐渐长大，他每一次睡眠的时间也会逐渐延长，我们也就会觉得宝宝睡得越来越沉，越来越安稳。

∽⊙ 002 成长中的宝宝，发展中的睡眠

事实上，宝宝的睡眠变化趋势是不断地向成年人睡眠模式转化的，在这个过程中我们能够发现宝宝的睡眠周期逐渐延长，但需要的睡眠时间则逐渐缩短，同时宝宝的昼夜节律逐渐形成，他们越来越习惯白天玩耍，晚上休息。

新生儿几乎整天都在睡觉，他们每天需要16~18小时的睡眠时

长，有些甚至需要睡得更久。与此同时，我们也会发现新生儿很少睡长觉，往往是睡 1 ~ 2 小时就要醒来吃奶，这也和新生儿睡眠周期短、自主入睡能力弱有关。然而，这却能够有效地避免宝宝因为过长时间没有吃奶而引发低血糖。在宝宝出生 2 ~ 4 周内，一般情况下建议不要间隔 4 小时以上喂奶，也建议宝宝的连续睡眠时间不要超过 4 小时。如果宝宝单次睡眠超过 4 小时，家长应主动唤醒喂奶。正是因为小宝宝很少睡长觉，所以有些家长会担心宝宝睡得不足，其实如果把宝宝打盹儿的每一段时间加在一起来计算的话，他们的睡眠时长大多是充足的。

随着宝宝月龄增长，宝宝睡眠需要的时间也会逐渐缩短，详见表 5-1。宝宝在 1 ~ 3 月龄，每天需要的睡眠时长是 14 ~ 17 小时，

表 5-1　睡眠时间建议

年龄	推荐睡眠时长 （小时）	可能合适时长 （小时）	不推荐时长 （小时）
0~3 月	14~17	11~13 18~19	<11 >19
4~11 月	12~15	10~11 16~18	<10 >18
1~2 岁	11~14	9~10 15~16	<9 >16
3~5 岁	10~13	8~9 14	<8 >14
6~13 岁	9~11	7~8 12	<7 >12
14~17 岁	8~10	7 11	<7 >11
18~25 岁	7~9	6 10~11	<6 >11
26~64 岁	7~9	6 10	<6 >10
≥65 岁	7~8	5~6 9	<5 >9

在 4 ~ 12 月龄会缩短到 12 ~ 15 小时，在 1 ~ 2 岁是 11 ~ 14 小时，在 3 ~ 5 岁是 10 ~ 13 小时。但是需要提醒一点，每个宝宝需要的睡眠时间是有个体差异的，之后我们会介绍如何评估宝宝的睡眠时间是否充足。

宝宝的成长也带来了睡眠节律的变化，由新生儿模式的从快动眼睡眠开始进入睡眠，逐渐变化成成年人模式的从非快动眼睡眠开始进入睡眠。这个变化大约会从宝宝 3 月龄时开始，这也就是为什么家长们会发现在宝宝长大之后，刚入睡就会睡得比较沉一些的缘故。同时，宝宝的睡眠周期也会从 30 ~ 45 分钟，逐渐拉长到 90 ~ 120 分钟，家长会发现宝宝的小觉时间延长了，夜醒也逐渐减少。

宝宝在 3 月龄之后还会逐渐形成昼夜节律，逐渐增加白天玩耍的时间，延长夜间的睡眠时长。随着月龄增长，宝宝会从白天睡 3 ~ 4 个小觉逐渐转为睡 2 个小觉，到学龄前期转为只睡 1 个小觉。此时，家长们就会发现宝宝的生活作息已经和自己的差不多了，这也是宝宝不断发育的一个标志。需要提醒大家的是，宝宝的睡眠发育也是有个体差异的，例如，有些宝宝可能到了 2、3 岁时白天还需要睡 2 个小觉，有些宝宝可能在 2 岁时就已经不需要睡午觉了。和贪玩舍不得睡午觉的宝宝不同，这些宝宝到了傍晚并没有缺觉疲倦的表现，但通常晚上 8 点多便会早早入睡。对于这些宝宝，家长其实并不需要逼着他们睡午觉。

∽ 003 什么影响了宝宝的睡眠

如何保证宝宝有一个好的睡眠质量，是很多家长都非常关注的问题，那么，究竟有哪些因素可能影响宝宝的睡眠呢？

总体来说，可能影响宝宝睡眠舒适度的因素主要包括环境、宝宝自身和家长三个方面。

首先，会影响宝宝睡眠的是环境因素。外部环境过热、过冷、过于干燥、过于嘈杂或过于明亮都可能影响宝宝的睡眠，因此我们建议室内温度保持在 22 ~ 25 摄氏度（也有一个观点是 20 ~ 22 摄氏度），湿度保持在 40% 左右，且不要太过嘈杂及明亮，这样的环境比较有利于宝宝的睡眠。

其次，宝宝自身也可能影响自己的睡眠。宝宝其实并不明白睡眠对于自己有多重要，对他而言，玩耍可能会是更为重要的事情。如果宝宝已经处于困倦的状态，但是大人依旧逗他玩耍，或者宝宝突然发现了什么有趣的东西，那他可能就会忘掉睡觉这回事。但是，如果家长没有及时安抚宝宝入睡，直到宝宝过度困倦了才尝试哄睡，那宝宝就会处于一种又疲惫又紧绷的状态，有可能会抗拒地哭闹、大喊大叫甚至踢踹家长。当宝宝终于睡着的时候，往往是因为过度疲惫而睡着的。在这种情况下，宝宝的睡眠并不会太舒适，很多宝宝会出现夜醒、夜哭等睡眠异常，以致影响睡眠质量。

对于大一些的宝宝来说，分离焦虑可能会导致其频繁夜醒，理由很简单——如果宝宝担心妈妈不能一直陪伴自己，往往就会不断夜醒来确定妈妈在自己身边。

当宝宝再长大一些，可能会出现"恐惧"，如"怕黑""怕幽灵""怕鬼"等，这些问题也会影响宝宝的睡眠。对于这种情况，对宝宝说"这没什么可怕的"并不能解决问题，家长需要从心理上帮助宝宝进行调整。例如，当宝宝说自己"怕黑"的时候，家长首先要接纳宝宝的害怕情绪，之后再与其讨论解决方法——是给宝宝留一个小夜灯？还是给宝宝一个安抚玩偶？要允许宝宝自己选择应对的方式，这样他就可以比较从容地应对自己的害怕和担心了。随着宝宝年龄的增长，这种担忧会逐渐缓解、消失。

最后，会影响宝宝睡眠的还有家长因素。很多时候，家长并不能很好地识别宝宝什么时候是困倦、什么时候是睡醒了。很多家长会认为"宝宝还睁着眼睛就表示他还不困"，于是在宝宝其实已经困倦的时候还会继续跟宝宝玩耍，结果使得宝宝过度困倦进而导致入睡困难。

宝宝在睡眠周期交替的时候可能会醒来，但其实他并没有睡够，有些家长会觉得"宝宝睁开眼睛了就是睡醒了"，于是立即开始和宝宝玩耍，导致宝宝没能进入下一个睡眠周期，这种睡眠不足的情况也会影响宝宝下一次的睡眠。

与之相反的是，有些家长太紧张，宝宝在睡眠期间一有哼哼、翻身等表现，家长就特别迅速地进行干预，如拍哄、抱起等，结果使得宝宝的接觉依赖于家长的哄睡，进而导致接觉困难、频繁夜醒。

∽⌒∾ 004 宝宝睡够了吗

宝宝在各个年龄段都有建议的睡眠时长（见表 5-1），但有些家长还是会比较困惑，自己家宝宝的睡眠明明是在建议的睡眠时长之内，但宝宝醒来的时候还是不开心，有起床气，这样算是睡眠不足吗？宝宝睡眠时长低于正常范围就一定是睡眠不足吗？答案当然是否定的。

宝宝在睡眠不足的时候，可能并不会像家长们所想象的那样出现明显的困倦或昏昏欲睡，相反，很多宝宝会兴奋、多动、烦躁、容易发怒，这是因为宝宝并没有把自己的不舒适与缺乏睡眠联系起来，当困意来袭的时候，因为精神紧张反而无法顺利入睡，这让他们感觉非常不舒服，所以才会情绪不佳。

同时，睡眠缺乏还会导致宝宝的注意力、警觉度、反应时间等出现问题，这种情况在稍大一些的宝宝身上更为常见，通常表现为宝宝难以对事物做出快速且准确的反应，反应的时间也会延长。

不仅如此，目前还有一些研究表明，睡眠对于宝宝的记忆巩固也至关重要。睡眠不足很可能会影响宝宝的记忆和认知，因此对于大宝宝来说，睡眠不足也有可能会影响他们的学习表现。

此外，对于儿童和青少年来说，睡眠不足还很可能会影响他们的情绪调节能力，如果家长感觉自家宝宝的"情商"和同龄人相比似乎不是太高的话，那就需要关注一下宝宝是不是有睡眠缺乏的情况。

更加需要家长注意的是，睡眠不足的宝宝在白天需要花费更多的精力来让自己保持清醒，因此他们的行为会更亢奋一些，也更容易违抗父母的指令，甚至会出现攻击性的行为。在保证了充足的睡眠之后，他们的行为则会好转。曾有报道显示，给一些学龄期的儿童延长 30 分钟睡眠时间后，他们的情绪不稳定、容易冲动及在学校的攻击性行为都得到了明显的改善。

因此，如果宝宝在白天经常出现注意力不集中、情绪不佳、亢奋烦躁、容易激惹等情况，那家长就需要警惕宝宝是否存在睡眠不足导致过度困倦的可能。这种情况下建议家长适当增加宝宝的睡眠时长，观察是否有好转。不过，如果宝宝的睡眠时间虽然达不到表 5-1 中推荐的睡眠时长，但宝宝的情绪很好，行为也没有明显的烦躁、攻击性强等情况，那么也可以考虑宝宝本身的睡眠时长是充足的，是可以满足其自身需求的，在这种情况下，家长自然也就无须担心。

总而言之，如果宝宝出现注意力不集中、多动、冲动、无法控制情绪、学习困难、对立违抗或攻击性行为等问题，那么家长就需要注意排查宝宝是不是因为睡眠不足而导致了这些问题的出现。

∽ 005 小月龄宝宝的睡眠宝典

小月龄宝宝的睡眠问题往往会让妈妈感到很困扰。由于小月龄宝宝的睡眠模式和成年人的睡眠模式区别非常大，他们会睡得比较细碎，每一觉之间的清醒时间比较短暂，所以家长们往往会感觉宝宝这一觉没睡多长时间就醒了，或者宝宝刚醒没多久就又开始困倦了。

要应对这些问题，首先，家长应该调整自己对于宝宝睡眠的预期，如不要期望新生儿能够睡整觉，这样有助于减少自己对宝宝睡眠的焦虑。同时还需要认识到小月龄宝宝的睡眠模式和成年人的不同，家长特别是妈妈一定要顺应宝宝的睡眠规律，趁宝宝睡着自己赶紧也打个盹儿休息一下。如果妈妈总是在宝宝睡着的时候"抓紧时间"玩手机、刷剧，那自己的睡眠时间很可能就会不够。正如儿童拥有充足睡眠的时候情绪就会比较稳定一样，妈妈睡眠充足对于缓解照顾宝宝的焦虑不安情绪也是很有帮助的。

其次，家长要找准时机及时哄睡，例如，当新生儿清醒 1 个小时左右的时候，即使并没有出现打哈欠、揉眼睛这些"困倦信号"，也建议家长开始准备哄睡。一般说来，宝宝在有些困倦却又不是特别困倦的时候会比较容易入睡，睡眠也会比较平稳，不容易很快醒来。

再次，要改善睡眠环境。很多家长为了避免宝宝过早醒来，会给宝宝营造一个非常安静、黑暗的睡眠环境，但事实上如果环境过于安静，一旦有噪声就会比较突兀，反而容易惊醒宝宝。并且如果白天的睡眠环境也比较昏暗，甚至是黑暗的话，也不利于宝宝昼夜节律的建立。对于容易惊醒的宝宝，家长可以考虑播放一些背景白噪声，如吹风、海浪的声音等，这样的话即使突然出现其他声音，宝宝也不会因为太过突兀而猛然醒来。如果白天光线太过明亮，家长确实可以适当拉上窗帘让屋子稍微暗一些，让宝宝意识到"虽然我在睡觉，但是现在是白天"。

最后，要关注宝宝是否处于"猛长期"。"猛长期"这个名词并未出现于医学专业资料中，但很多育儿书籍都会有所提及。一般来说，宝宝在出生后1周龄、2周龄、1月龄等时间会突然出现持续3～5天的频繁吃奶、烦躁、难以哄睡等现象，这个阶段度过之后又会恢复正常，很多育儿书籍将这种情况解释为是宝宝机体出现了飞跃性发展的表现，是一种生理性情况，因此，如果宝宝突然表现出奶量需求增加、烦躁、睡眠不安等，且没有找到导致身体不适的其他原因的话，那家长也不用担心，继续观察即可。

⌘ 006 大月龄宝宝的睡眠宝典

在宝宝3月龄之后，随着其昼夜节律逐渐建立，睡眠周期逐渐延长，家长们会发现宝宝的睡眠状况比起小月龄时有了明显的好转，其睡眠的重心也逐渐转移到了晚上，甚至有些宝宝在3～4月龄的时候还可以睡整觉。但有一点需要提醒家长，那就是这并不意味着宝宝此后都会睡整觉，一些宝宝在 4 ~ 5 月龄的时候又会出现睡眠倒退，究其原因，主要有以下几个方面。

大运动发育

大多数宝宝在 3 月龄左右会开始学习翻身，很多家长会观察到，宝宝甚至在晚上睡觉的时候都在练习翻身，但因为并不熟练，宝宝可能会出现翻过去却翻不回来，或者翻一半就翻不动而卡住的情况，结果就"被迫"睡醒了。所以很多宝宝在开始学翻身后，其夜醒次数有所增加，但等翻身熟练之后，这些表现又会自行消失，睡眠情况也会随之改善。

之后，宝宝学习坐、爬、站、走等，都可能会导致夜醒次数增加，但一般都是暂时性的，一段时间后都会自行消失。如果宝宝的大运动发育影响了睡眠，家长可以在白天多鼓励宝宝练习大运动，这对于消除因大运动发育对夜间睡眠造成的不良影响有明显的效果。

出牙

当宝宝出牙的时候，牙龈肿胀带来的不适往往也会导致宝宝频繁夜醒，但这种夜醒同样也是暂时性的，在宝宝顺利出牙之后即可消失。在这种情况下，家长可以让宝宝啃咬冷藏过的牙胶来缓解出牙不适，或者用干净的纱布裹住手指给宝宝按摩牙龈来缓解他的不适。对于已经开始吃辅食的宝宝，则可以根据宝宝的月龄，适当提升辅食的粗糙度，促进宝宝咀嚼，也能起到缓解出牙不适的作用。

但是，需要提醒大家的是，海淘的"出牙凝胶"里面大多含有表面麻醉药的成分，使用不当会有溶血的风险，因此不建议家长在宝宝出牙的时候给宝宝使用"出牙凝胶"。

分离焦虑

随着宝宝自主意识、认知能力的逐渐进步，分离焦虑也会随之产生。有些宝宝因为害怕妈妈会突然消失，就会出现比较频繁的夜醒，而这种夜醒的目的就是为了确认"妈妈在我身边"。很多家长发现宝宝在夜里醒来后，可能只是看看妈妈或摸一摸妈妈，就会再次入睡。

对于这种情况，家长需要做的就是提高陪伴质量。当然，这并不是指之前家长对于宝宝的陪伴是不合格的，而是建议家长可以在白天更密切地陪伴宝宝，增加宝宝的安全感，也可以尝试给宝宝引入安抚巾或安抚玩偶，培养宝宝的自我安抚能力。

虽然大月龄宝宝的睡眠重心转移到了夜间，但白天的充足睡眠依然是很有意义的，尤其在婴儿期，建议宝宝白天的小睡总时长要达到3~4小时，这能有效避免过度疲倦，从而保证宝宝得到充足的休息。

∽ 007 幼儿睡眠的常见问题

在幼儿期，随着宝宝年龄的增长，睡眠时长会逐渐缩短，白天也慢慢出现了并觉的情况，即宝宝会从白天要睡2~3觉慢慢转变为白天只睡1觉，有些宝宝甚至在2岁左右连午觉都会免掉。和婴儿期不同，这个阶段宝宝的睡眠问题主要表现为入睡困难、夜哭、夜惊、夜闹等。

我们先来看看入睡困难。玩耍是幼儿的天性，很多宝宝会因为想多玩一会儿而抵触睡眠，也可能会在睡觉之前和家长讨价还价，要求继续玩耍，还可能在上床的时候哭闹等，但是宝宝的拖延可能会导致过度疲倦，引起更严重的入睡困难。

至于夜哭、夜惊、夜闹，一方面和宝宝睡眠不足有关，另一方面往往和宝宝白天过于兴奋、疲劳，或睡前进行了比较激烈的游戏，又或者睡前看电视、刷视频，抑或家庭出现变化等可能会给宝宝造成压力的情况有关。

在这种情况下，家长需要帮助宝宝建立一个相对固定的生活作息规律，并且根据宝宝的表现随时进行调整，找到对宝宝来说比较舒适的睡眠时间点；同时，要给宝宝固定睡前程序，避免睡前过度兴奋，这样宝宝的入睡就会相对容易一些。

如果宝宝只是偶尔有夜哭、夜惊或夜闹的情况，家长也不用担心，因为这是在宝宝幼儿时期比较常见的情况，往往是由于当天玩得太兴奋、太累导致的。但是，如果宝宝在一段时间里比较密集地出现了这些情况，则需要排查一下有没有让宝宝感觉到有压力的因素持续存在，同时需要回顾宝宝的生活节奏，明确是否存在其他可能诱发睡眠问题的情况。

此外，有些宝宝可能会在暂时性的睡眠异常之后，由于家长干预不当而发展成慢性的睡眠障碍，因此，家长对宝宝睡眠异常问题的干预需要在分析具体诱因之后进行个体化的调整，要注意避免因为不当干预而加重宝宝的睡眠异常。

同时，一些疾病也可能造成睡眠问题，如宝宝存在阻塞性睡眠呼吸暂停、胃食管反流等不适症状，在这种情况下，需要针对疾病进行评估和治疗。

ᘐᕫ008 儿童及青少年的睡眠宝典

随着年龄增长，宝宝的睡眠问题也会发生变化。在学龄期，课业压力增大使得宝宝的户外活动时间减少、睡眠时间不足，同时零食的摄入量相对于婴幼儿时期也有所增加，其中可能还包括含咖啡因的饮料、巧克力等，加之手机、iPad 这些电子产品的应用，这些都可能对宝宝的睡眠造成影响。

在儿童及青少年时期，家长对于宝宝的户外运动和睡眠都需要提起注意，建议每天保证宝宝至少有 1 ~ 2 小时的中高强度运动，并且按照表 5-1 的建议，尽量保证宝宝的睡眠时长，避免因睡眠不足影响白天的学习，以致出现注意力不集中、容易激惹、记忆分析能力下降等情况。

在入睡之前，要避免宝宝过多接触电子产品，特别是玩电子游戏，还要避免宝宝摄入过多的含咖啡因的食物，也不要过度疲劳，这些对于保证宝宝的睡眠质量都会有积极的意义。

目前，我国儿童腺样体肥大及肥胖的发病率都越来越高，所以在评估宝宝睡眠的时候务必要警惕这两个问题。对于腺样体、扁桃体肥大或肥胖的儿童，阻塞性睡眠呼吸暂停非常常见，患儿常常会表现为睡觉时打鼾，有时还可能出现呼吸暂停以致突然憋醒。宝宝可能还会出现神经行为症状，如注意力不集中、多动、易冲动、易怒等。如果出现上述情况，那就需要由睡眠医学专家或耳鼻喉科医生给宝宝做更详细的临床评估。

学业压力、生活压力等也都可能引发学龄期宝宝的睡眠障碍，如校园霸凌、对于学习等适应不佳、家庭成员变动等，因此，当宝宝出现睡眠障碍的时候，除了要关注宝宝的身体情况，还需要关注其心理状态、社交情况等，对于发现的问题要及时进行干预，以便更好地帮助宝宝走出困境。

恐惧也会对睡眠产生干扰，但一般来说恐惧都是暂时性的。如果恐惧持续存在，且对宝宝睡眠一直造成影响的话，则可能需要评估宝宝是否存在特定恐惧症或广泛性焦虑障碍。另外，焦虑和抑郁也可能引起失眠。在学龄期儿童中，抑郁症的患病率约为 2%，在青春期则更高，其症状除失眠外还包括抑郁或易激惹心境、兴趣或愉悦感减少、食欲或体重状态改变、精神运动性激越或迟滞（如交谈或行动比平时更缓慢）、乏力感或缺乏精力、无价值感或内疚感、注意力不集中、反复出现死亡或自杀想法等。如果家长发现宝宝有这种倾向，一定要立刻寻求专业医生的帮助。

专栏六

九大常见的育儿误区

杨茜茜

卓正医疗儿科、儿童保健科、儿童语言专科咨
询医生

北京大学医学部博士

∽∽ 001 难以避开的育儿误区

经过多年的发展，我国顶尖的医院和医生团队对儿童疑难杂症、罕见病、危重症等重大疾病的诊治水平已经和国际上没有太大差别了，但在儿童常见病和基层儿童保健领域，我们和发达国家依然存在不小的差距。很多优秀的儿科医生都愿意发展特色专业，如肾内科、神经科、血液肿瘤科等，认为把这些高精尖的、别人都搞不懂的东西掌握了，才是医生专业水平的体现，至于那些常见病，如发烧、咳嗽、拉肚子或儿童保健等，无非就是筛查贫血或佝偻病，治疗太简单了，根本没有挑战性。

医生不重视，知识结构不更新，正规的儿童保健机构寥寥无几，这些情况加在一起就造成了如今的儿童保健现状。家长在养育宝宝的过程中可能遇到各种困惑，在寻求帮助时，一不小心就容易掉进陷阱。

例如，并不能反应宝宝真实营养状态和健康状况的微量元素、骨密度检查，社区医生"一言不合"就给宝宝补钙、补锌，一些私立机构大力宣传的能反映甚至解决消化问题的肠道菌群检测和"无所不能"的益生菌，中医号称可以"冬病夏治"的三伏贴，有病治病、无病强身的小儿推拿，以及各种商家炒作出来的有机食品、海淘神药等，这些错误的儿童保健观念和做法对促进宝宝的身心健康毫无益处，甚至可能还有潜在的危害。

❂ 002 常见育儿误区之——生长曲线低于中位就是瘦小

在社区体检时，很多宝宝的身高、体重会被保健医生判断为"不达标"。有些妈妈就会变得忧心忡忡，明明自家宝宝吃、喝、睡、玩都很正常，也很少生病，为什么就不如同龄的宝宝高呢？其实，就像不能要求每个成年人都是身高170厘米、体重60千克一样，宝宝也不是机器生产出来的标准化零件，他们和爸爸妈妈一样会有高、矮、胖、瘦的个体差异，至于产生个体差异的原因，则是由遗传潜能和后天养育方式共同决定的。

要想准确评估宝宝的生长情况，家长应选对参考标准，我们建议可以参考世界卫生组织的生长曲线标准。与中国社区普遍采用的单纯基于城市儿童数据所形成的生长曲线不同，世界卫生组织的生长曲线是根据多个国家的儿童生长数据统计调查结果绘制的，采用的统计方法也更标准、更严格。所以，建议以此作为宝宝体格测量的参考。那如何正确解读宝宝的生长数据呢？以男孩为例，如图6-1所示。首先，单独的一次测量，只要在3%和97%两条主要测量线之间，都属于正常范围，50%曲线不是个体生长追求的目标。其次，定期、连续的测量数据比单次数据更重要，更能反映宝宝的生长趋势。家长需要重点关注的是宝宝的生长增速有没有掉线、跨线的情况。

另外，家长也要关注宝宝的体型是否匀称。2岁以下的宝宝应使用"身高别体重"这个指标，2岁以后则与成年人一样，使用体质指数

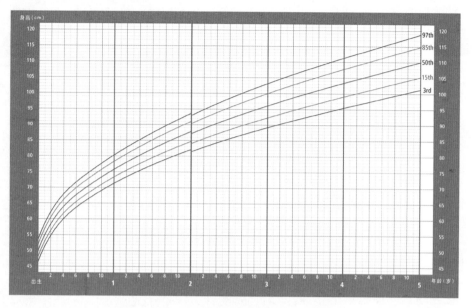

图 6-1　0～5岁男孩身高百分位曲线

（BMI）来判断体型匀称程度。与体重和身高曲线同理，3%～97%均属正常。

　　为了进一步判断宝宝的体格发育是否正常，家长也要了解儿童正常的生长模式。研究表明，小月龄的宝宝早期生长主要由孕期母亲营养和宫内环境决定，而婴儿期的体重增加受喂养模式影响较大。一般来说，母乳喂养的婴儿与配方奶粉喂养的婴儿相比，早期体重增长快，6月龄后增长相对缓慢，到1～2岁时，两种喂养模式的幼儿体重接近。另外，儿童全年的生长并不是匀速的，脉冲式增长非常常见，即有时快，有时慢。一般情况下，春夏季节的生长速度会快于秋冬季节。

　　婴儿期后，遗传的生长潜能开始显现，儿童会逐渐接近父母的平均身材。有高达2/3的婴幼儿在2岁前会出现身高百分位变化，其中，1/3的宝宝会跨越1条主要百分位曲线，1/4跨越2条，1/10跨越3条，这是生长模式由以喂养为主导向遗传过渡的正常现象，这些儿童在

2～9岁身高增速又会趋于稳定。对于那些年体重增长小于1千克或身高增长小于5厘米，以及生长跨越2条主要百分位曲线的儿童，家长需要密切监测，评估是否有营养不足或其他病理性因素影响宝宝生长。

除了身高、体重，体格发育的第3个指标是头围。0～1岁，宝宝的大脑快速发育，头围也迅速增长，1～2岁后头围的增长速度会逐渐放缓。定期监测宝宝头围的变化，并和身材比较看是否匹配，可以及时发现一些罕见的神经系统疾病，如脑积水等。

举例来说，一个宝宝2月龄时体重处于15%曲线，到4月龄、6月龄时依然处于15%曲线，那么宝宝的体重增长就是正常的，不应该被判断为"体重不达标"。

再如，一个宝宝出生体重、1月龄体重处于15%曲线，2月龄时处于85%曲线，4月龄时超过了97%曲线，一路绝尘向上跨线，如果体重与身高的比值同样超过97%曲线，那家长就要考虑是否存在过度喂养和超重的问题了。

换个例子，一个宝宝1岁时身高处于90%曲线，1岁半时突然掉线到了50%曲线，那么也不能简单地认为宝宝就是"中等"身材，而是要从宝宝的遗传身高、营养情况、疾病等多方面因素来鉴别是生理性的生长速度变化还是有病理性原因导致了生长缓慢。

003 常见育儿误区之二——"一言不合"就补钙

很多在宝宝生长发育中的正常表现，如枕秃、多汗、睡觉浅、肋骨外翻等，都会被扣上"缺钙"的帽子。中国人似乎一直有"缺钙情结"，很多父母觉得自己长得不高，就是"缺钙"造成的。不可否认的是，钙对于骨骼健康甚至维持心血管和肌肉的正常生理功能都有重要作用，但宝宝的身高增长是由营养状态和遗传基因等多个因素共同决定的，不能单独从是否缺钙来判定。

这里的营养指的是均衡的营养搭配，没有哪一种营养元素可以"独挑大梁"。充足的钙摄入的确可以让宝宝的骨头长得更结实，但额外的钙摄入对于长高并没有正向促进作用，也不能让宝宝睡得更踏实，或让头发更浓密。那么，不同年龄段的宝宝分别需要多少钙呢？

首先，0 ~ 6 月龄的小宝宝，钙的每日推荐摄入量为 200 毫克，7 月龄至 1 岁为 260 毫克。对于以奶为主食的宝宝来说，母乳的含钙量约为每 100 毫升 26 ~ 28 毫克，而且多以离子钙、复合钙的形式存在，生物利用度很高，所以 6 月龄以下的宝宝如果每日奶量摄入为 700 毫升左右，家长就不用担心宝宝缺钙。6 月龄后，继续按需母乳喂养，同时添加一些含钙的辅食，也能满足宝宝身体对钙的需要。对于人工喂养的宝宝来说，配方奶粉的含钙量为每 100 毫升 50 ~ 60 毫克，虽然吸收率比母乳低，但胜在浓度高，研究表明，人工喂养和母乳喂养的宝宝，1 岁时的骨矿物质沉积状态没有太大区别。

对于 1 岁以上的宝宝来说，1 ~ 3 岁时钙的每日推荐摄入量为 600 ~ 700 毫克，4 ~ 8 岁时为 1000 毫克。世界卫生组织推荐宝宝 1 岁后继续坚持母乳喂养，母乳也依然是重要的钙质来源。如果停止母乳喂养，那么推荐每日饮用牛奶 300 ~ 500 毫升。牛奶的含钙量约为每 100 毫升 120 毫克，是最经济也最方便的钙质来源。不同年龄段宝宝的每日钙需要量如表 6-1 所示。

表 6-1 不同年龄段宝宝的每日钙需要量

年 龄 段	钙需要量（毫克）
0 ～ 6 月龄	200
7 ～ 12 月龄	260
1 ～ 3 岁	700
4 ～ 8 岁	1000
9 ～ 18 岁	1300

虽然母乳和纯牛奶都不能提供宝宝成长所需要的全部钙质，但家长也无须担心，因为在 1 岁以上宝宝的饮食结构中，饭菜才是主食，日常摄入的大豆及豆制品、奶酪、酸奶、坚果、深绿色叶菜等食品中也含有丰富的钙。研究表明，儿童通过除奶及奶制品外的日常食物摄入的钙，每日约为 400 毫克。所以，只要奶量充足，饮食均衡，宝宝的体格发育正常，就不用担心缺钙。过量的钙摄入，反而妨碍锌和铁等 2 价金属元素的吸收，还可能会引起宝宝便秘、厌食等。

除了提供含钙丰富的奶制品和食物，爸爸妈妈也不要忘记，宝宝还需要摄入维生素 D 来促进钙吸收。1 岁以下宝宝维生素 D 的需要量为每日 400IU，1 岁以上的儿童和成年人为每日 600IU。对于皮肤颜色较浅的人来说，在一年内的大多数时间里，只要每天中午暴露在阳光里 10 ～ 15 分钟就足以合成足够的维生素 D，但是肤色较深的人在冬天尤其是居住在北方时，皮肤合成维生素 D 可能就会不足，需要额外补充。

∽∾ 004 常见育儿误区之三——喝汤、喝粥有营养

很多家长，尤其是出生在 20 世纪五六十年代的爷爷奶奶，带宝宝

做儿童保健时都会说："我们家宝宝肠胃弱，吸收不好，总是吃什么拉什么，我们每天变着花样给他煲汤、煲粥，可宝宝就是不长肉！"

要想解答这个问题，首先要来了解一下"食物能量密度"这个概念。食物能提供的能量，一般以碳水化合物、脂肪和蛋白质三种形式存在。食物能量密度，就是指一定量的食物能提供给人体的能量大小。笼统地说，固体食物的能量密度一般要高于半流质和流质的食物。

所以不难看出，汤和粥这些看似"好吸收"的食物，由于在烹饪过程中都添加了大量的水，虽然很"饱肚子"，但其能量密度却是非常低的。

而且，长期摄入过于精细、不需要咀嚼的食物，还可能会造成宝宝牙列拥挤、咀嚼能力弱等问题，不但不利于牙齿的发育，甚至可能进一步妨碍宝宝进食能量密度高的食物。所以，家长在给宝宝添加辅食的过程中要遵循"由细到粗、由稀到稠"的原则，在宝宝适应了一个阶段的食物精细程度后，要及时引入更粗糙、更稠的食物，给他提供恰到好处的挑战，锻炼他的咀嚼和吞咽能力，并鼓励他摄入能量密度高的食物，即使宝宝暂时嚼不动吐出来了，也不要轻易放弃，要为其创造机会再次尝试。其实到 1 岁以后，宝宝就可以接受绝大部分成年人食物的粗糙度了，大便偶尔带有未消化的食物残渣，如胡萝卜、玉米粒等，也是宝宝的正常表现，并不是吸收不好。

2 ～ 5 岁的儿童由于活动量和性别的差异，每日需要的能量也各不相同，推荐范围为 1000 ～ 1400 千卡，其中，约 33% 的能量由脂肪提供，45% ～ 60% 的能量由碳水化合物提供。蛋白质能为 1 ～ 3 岁的宝宝提供 5% ～ 20% 的能量，3 岁后这个比例会提高到 10% ～ 30%。

如何确定宝宝是不是吃够了呢？建议家长可以参考加拿大的膳食指南，即"为 2 ～ 3 岁的宝宝每日提供 1 份肉，2 份奶，3 份主食，4 份蔬菜和水果",这个口诀简单又好记。

1份肉,是指肉和肉的替代品,一份煮好的鱼、虾、家禽或去除脂肪的红肉,大约半杯,也就是125克。2个鸡蛋或175克豆类也相当于1份肉。如果一个宝宝一天吃1个鸡蛋和1/4杯的瘦肉,其能量也达到了1份肉的推荐量。

2份奶,是指1杯250毫升的牛奶,175毫升酸奶或50克奶酪也相当于1份牛奶。

1份主食,是指1片面包、125克煮好的米饭或面条。

1份蔬菜和水果,是指一个中等重量水果,如一根香蕉或125克切好的水果或煮好的蔬菜,抑或250克疏松的蔬菜沙拉。

4岁以上的学龄期儿童,每日的热量需求增加,这个口诀就变成"每日1份肉,2份奶,4份主食,5份水果和蔬菜"(见表6-2)。

表 6-2　不同年龄段人群每日膳食推荐量

人　群	儿　童			青少年		成年人			
年　龄	2~3岁	4~8岁	9~13岁	14~18岁		19~50岁		51岁以上	
性　别	不分性别			女	男	女	男	女	男
蔬菜和水果(份)	4	5	6	7	8	7~8	8~10	7	7
粮　食(份)	3	4	6	6	7	6~7	8	6	7
奶和奶替代品(份)	2	2	3~4	3~4	3~4	2	2	3	3
肉和肉替代品(份)	1	1	1-2	2	3	2	3	2	3

〰️005 常见育儿误区之四——宝宝不爱吃饭,都是"缺锌"惹的祸

除了钙,另一个经常让家长倍感焦虑的营养元素就是锌。锌缺乏

时，的确会出现味觉、嗅觉障碍，厌食，频繁胃肠道感染等症状，但家长要知道，锌属于微量元素，人体的需要量非常少，婴儿期的每日推荐摄入量为 2 ~ 3 毫克，1 ~ 3 岁为 3 毫克，4 ~ 8 岁为 5 毫克。以我国目前的经济发展水平和居民膳食供给情况来看，城市地区的儿童只要日常能摄入丰富多样的食物，包括肉类和坚果等，就不太可能出现锌摄入不足的问题。而且，锌的主要储存部位在骨骼和肌肉，很多地区医院广泛开展的指尖血或头发微量元素检测并不能反映人体真实的锌储备。

让很多家长感到非常头疼的宝宝挑食、厌食问题，其实并不是由于缺乏某种元素导致的，也不需要补充益生菌，更不是所谓的"积食"，事实上，引起这些进食问题的很大一部分原因是家长对宝宝的进食控制过多。研究表明，家长在宝宝进食时施加的压力水平越高，宝宝的食物摄入量和体重就越低，宝宝的挑食程度也越高。

其实，进食既是本能，也是需要学习的行为。从添加辅食开始，家长就要注意通过营造良好的进食环境、丰富食物的种类、引入合适的手指食物等来培养宝宝对食物的兴趣。1 岁以后，宝宝生长速度放缓，对于热量的需求也减少，可能每天只吃一点食物就饱了。对于身高、体重增长正常的宝宝，父母只需决定宝宝什么时候吃、吃什么、在哪里吃就可以了。也就是说，家长是食物的提供者和进食环境的布置者，负责每日为宝宝准备丰富多样、搭配均衡的食物，并在合理的时间和地点提供给宝宝，而宝宝是进食的主导者，吃多吃少应该由他自己决定。

另外，1 岁以后的幼儿会逐渐对食物产生偏好，而且变化无常——之前非常喜欢的食物可能某一天就会被嫌弃地丢在地上，而之前嫌弃的食物突然又变得怎么吃也吃不够，也可能连续 2 ~ 3 周只吃 1 ~ 2 样最喜欢的食物，其他什么都不吃。事实上，只要在四大类食物（主食、奶类、肉、蔬菜和水果）中，每类食物里都有宝宝爱吃的几种，并且宝宝的身高、体重增长情况正常，那家长就不用太担心。有些天性谨慎的宝宝，可能要尝试 10 ～ 15 次后才能接受一种新的食物。随着时间的推移，宝宝的这种"挑食"现象会逐渐改善，而作为家长，一定要记住，只有把吃饭的权力还给宝宝，才能成功培养出热爱美食的小"吃货"。

但是，如果家长认为宝宝的进食习惯存在问题，或生长情况不太乐观，也可以咨询营养科医生来进行评估和饮食指导，仅仅依靠补锌是不能解决宝宝的进食问题的。

◎ 006 常见育儿误区之五——不吃盐没力气

传统的育儿观念认为，"小宝宝不吃盐会没力气"，或者"没有盐的饭菜口味不好，宝宝不爱吃"。

最新的营养学普查数据显示，高达 2/3 的中国居民存在盐摄入过多的问题，平均每日盐摄入量在 10.5 克左右，远超世界卫生组织推荐的每日 6 克以下。过多的盐摄入与高血压、心脑血管疾病、肾脏疾病、胃部疾病的发生都有或多或少的联系，还可能引起钙质流失。其实，不少家长对盐的问题已经非常重视了，我们知道 1 岁以下宝宝的肾脏排钠功能还不成熟，辅食里不能添加额外的盐，天然食物中所含的钠足够满足宝宝的生理需要。1 岁以上的宝宝也要培养清淡口味，饮食中尽量不加盐或少加盐，这是因为人类的口味偏好是在人生的最初几年逐渐形成的，如果宝宝在幼年阶段就习惯了清淡的口味，那他在今后的生活中也不会再喜欢重口味的食品。1 ～ 3 岁的宝宝每日钠的适宜摄入量为 700

毫克，相当于食盐 1.8 克；4～7 岁的宝宝为每日 900 毫克，相当于食盐 2.3 克。

很多家长会问的另一个问题是："宝宝什么时候能吃大人的饭呢？"其实，宝宝 1 岁以后就可以逐步适应成年人的食物了，全家人一起吃饭，吃一样的饭菜，也有助于培养宝宝良好的进食习惯，宝宝获取到的食物种类更丰富，他也会更享受进餐的过程。所以，建议成年人的口味应该向宝宝靠拢。人的肾脏其实有调节钠排泄的能力，只要不是重体力劳动者，少吃盐并不会觉得"没力气"，而只需 1～2 周的时间，成年人就可以重新唤醒味蕾，逐渐适应清淡的口味。所以，宝宝的到来其实也是全家人改善饮食习惯的契机。为了家人和宝宝的健康，我们呼吁全家人一起控盐，多吃新鲜少加工的食物，少吃腌制食品、各种酱料及包装食品等。建议在烹饪时，在食物出锅前再加盐，这样咸味停留在食物表面，口味会更好，同时建议使用 2 克的标准盐勺，这样可以精确地把控放多少盐。如果想使用一些高钠调味品，如酱油、耗油等来增加菜肴的风味，那么就要相应地减少烹饪用盐。还有一点需要注意，那就是饮食中还应包括钾含量丰富的水果和蔬菜，这样有助于维持心血管和肾脏的健康。

如果每天每个大人摄入的盐能做到不超过 6 克，那按照这个标准制作的菜肴，宝宝也可以安心享用。

∽∾ 007 养育误区之六——过早放弃母乳喂养

众所周知，母乳是宝宝最理想、最安全的天然食品，但根据最新的调研结果，我国婴儿出生第一小时母乳喂养率、6 个月纯母乳喂养率及

1 岁和 2 岁持续母乳喂养率均低于发展中国家的平均水平，并且呈逐年下降的趋势，甚至不如非洲国家。对于这种现状，有一部分原因是我国对于母乳喂养的支持和宣传力度还远远不够，很多错误的观念和荒谬的认知都导致了妈妈过早地放弃母乳喂养。例如，身边总有亲友说"宝宝睡不踏实，一定是没吃饱"；宝宝 6 个月后长得慢了，是因为"母乳没有营养"；妈妈来了月经，就该断奶了；妈妈太瘦或乳房很小、总是很柔软不涨奶，肯定"产奶不足"等。由此可见，坚持母乳喂养，对妈妈来说真的是太难了！为了抵制这些谣言的中伤，妈妈们一定要坚定信心，用科学的母乳知识武装自己。

母乳的营养成分的确会随着时间的推移发生变化，在宝宝出生后 2 ~ 4 个月，初乳逐渐过渡为成熟乳的过程中，蛋白质的含量会逐渐下降然后保持稳定，是完全符合宝宝的生长需要的。脂肪的含量反而会随着哺乳时间持续增长而逐渐升高，是宝宝重要的能量来源。碳水化合物（如乳糖和钙、磷、镁、锌等矿物质）和微量元素的含量则基本保持不变，即使膳食营养不那么均衡的母乳妈妈，其身体也会调动储备以保证母乳的营养供应。另外，母乳不仅是很好的营养来源，还有保护胃肠道健康、预防感染、促进儿童认知发展等额外的好处，而且可以降低肥胖、过敏性疾病甚至儿童期肿瘤等慢性疾病的发生率，即使在断奶后，这些有益的作用仍可持续。

因此，宝宝出生后，建议一定要尽早进行肌肤接触，尽早开始哺乳，同时鼓励按需哺乳，促进母乳喂养成功建立。如果宝宝因为各种原因暂时不能摄入足够的母乳，也不建议立即添加配方奶粉，而是应该及时寻求专业的帮助，还可以尝试改善哺喂技巧、增加哺喂次数等来实现供需平衡。值得高兴的是，我国经过正规培训的国际认证泌乳顾问人数越来越多，目前已经达到了将近 400 位。所以，如果新手妈妈们在母乳喂养上遇到了问题和困惑，应该及时寻求专业的帮助，而不是轻易放弃母乳喂养。美国儿科学会建议母乳喂养到 1 岁或以上，世界卫生组织则建议到 2 岁或以上。基于个体差异，最终的离乳时间，应该由妈妈和宝宝共同决定。

008 常见育儿误区之七——成长奶粉营养好

对于 1 岁以内的宝宝来说，配方奶粉是无法进行母乳喂养时的替代选择，但受很多商业推广宣传的影响，很多家长认为幼儿成长奶粉营养价值很高，在宝宝 1 岁以后，只要家里有条件、能负担，就应该尽量多喝配方奶粉。其实，1 岁后的宝宝，胃肠道功能和肾脏功能都发育成熟，不需要再继续饮用配方奶粉了，而且，1 岁后均衡多样的饭菜才应该是宝宝的主食，奶只是配角。奶作为均衡饮食的一部分，是非常方便易得的钙质来源，但配方奶粉的钙含量其实远不及纯牛奶。而且，无论配方奶粉还是纯牛奶，大部分成分还是水，虽然能提供一定量的蛋白质，但能量密度都很低，是不能作为宝宝的主食的。要知道，配方奶粉中添加的各种维生素、矿物质，通过正常饮食也完全可以获得。更重要的是，所谓的幼儿成长奶粉或一些厂家标识的 3 段、4 段配方奶粉，为了改善口感，普遍含有添加糖，饮用后会有很强的饱腹感，而由于饥饿感主要是受血糖调节的，因此添加了糖的幼儿配方奶粉会破坏宝宝吃正餐的食欲，不利于培养宝宝良好的就餐习惯。另外，添加糖的摄入，尤其是葡萄糖和蔗糖，还会增加龋齿发生的风险。

因此，世界卫生组织及各个国家的权威膳食指南，都提倡 1 岁后喝纯牛奶，并继续补充维生素 D 促进钙的吸收，但各个国家的牛奶推荐摄入量是各不相同的。美国儿科学会建议 1 ~ 2 岁儿童每日摄入 480 毫升牛奶，2 岁后每日摄入 480 ~ 720 毫升；英国的公共卫生权威机构 NHS 对于 1 ~ 3 岁儿童的牛奶推荐摄入量则为每日 300 毫升；我国香港卫生署的推荐摄入量为每日 360 ~ 480 毫升。考虑到中西方饮食习惯的差异，如果宝宝喝不下这么多牛奶，那么适当提供酸奶、奶酪和其他含钙丰富的食品，如豆制品、豆奶、坚果、深绿色蔬菜等，也可以满足宝宝对钙质的日常需要。

很多家长会问的另外一个问题是："哪种奶最适合宝宝饮用呢？"其实，无论超高温灭菌奶、巴氏杀菌奶还是全脂奶粉，不管奶源来自哪里，虽然奶的口感和风味可能会略有不同，但从营养价值上来说，都没有明显的差别。100 毫升牛奶的含钙量都在 120 毫克左右，蛋白质含量为 3 ~ 4 克，这两项指标都优于配方奶粉；碳水化合物含量在 5 克左右，也比添加了糖的成长奶粉口感清淡。所以，只要是家长信任的牛奶品牌，都是可以放心选择的。另外，在宝宝 2 岁前，建议饮用全脂牛奶，2 岁后，为了减少动物性脂肪对宝宝健康的不利影响，可以更换为低脂或脱脂牛奶。

∾ 009 常见育儿误区之八——宝宝长湿疹，妈妈要忌口

湿疹，又称为"特应性皮炎"，主要表现为皮肤干燥、瘙痒、泛红，

是婴幼儿期常见的皮肤疾病。湿疹的发生与遗传和环境因素有关，如果父母或同胞兄弟是过敏体质，那么宝宝发生湿疹的风险就会增高，另外，皮肤屏障功能受损是湿疹最重要的发病机制，与食物和奶并没有确切的因果关系。

很多宝宝或母乳妈妈，因为湿疹而盲目忌口，甚至变成素食主义者，这不仅对于减轻湿疹没有作用，反而会增加宝宝营养不良的风险。

目前，医学领域还没有能够有效预防湿疹发作的食谱，但可以确定的是，至少 6 个月的母乳喂养对预防湿疹有保护性作用。湿疹宝宝可以和其他宝宝一样添加辅食，只须注意嘴巴周围肌肤的额外保护，避免食物外溢的刺激进一步加重湿疹。延迟添加容易导致过敏的食物，如鱼、虾、鸡蛋等，既不能减轻湿疹，也不能降低食物过敏发生的可能性。

其实，对于湿疹，应该以皮肤为中心进行治疗和护理，而不是限制饮食。轻中度的湿疹在加强皮肤保湿和护理后往往可以得到有效缓解。

还有一点需要强调，要给宝宝适度穿衣，纯棉衣物最佳，以宽松柔软为宜，避免因出汗加重瘙痒；每日用非皂质的沐浴液给宝宝洗澡，以保持皮肤清洁，沐浴后用棉毛巾轻轻拍干皮肤，然后马上使用润肤霜，起到隔离和保湿的作用，每天润肤霜的用量和频率应该以保持皮肤水润、不干燥为宜。如果宝宝有全身泛发湿疹，那么润肤霜的使用量应该达到每日 15 ~ 20 克。

同时，日常清洗衣物应选择低敏、无香配方的洗衣液，家居环境也要注意保持凉爽、通风和清洁。

中重度湿疹则需要在医生的指导下，配合使用外用激素药物进行抗炎治疗，以修复皮肤的屏障功能。很多家长对于激素药物有恐惧心理，总是用用停停，这也是造成宝宝湿疹反复、难以根治的重要原因。

只有经过规范治疗后仍然控制不佳，或者同时合并消化系统或呼吸系统过敏症状的宝宝，才建议在医生的指导下尝试对某种可疑的食物进行回避，一段时间后再重新引入，观察原有症状是否发生变化。如果回避食物后症状消失，重新引入后症状又出现，医学上称为"食物回避—激发试验提示阳性"，那么可以在医生的指导下进行饮食回避或者换奶。

∾ 010 常见育儿误区之九——"包治百病"的益生菌

联合国粮农组织和世界卫生组织将益生菌定义为"在适量摄入时有益宿主（人类）健康的一类活的微生物"。日常生活中，我们也有很多机会接触到益生菌和益生菌制品，其中，酸奶等发酵食品在制作过程中用到的乳酸菌也属于广义的益生菌。有许多人相信益生菌能"调理肠胃""改善食欲""增强免疫力""减肥纤体"等，但这些常见于广告宣传的种种神奇功效，往往有很多自相矛盾之处。目前医学研究已经发现，益生菌的作用的确是多种多样的，包括抑制致病菌生长、改善肠道屏障功能、调节免疫系统等，也有一些研究证实益生菌和人体本来的肠道菌群之间有类似"互相学习、共同进步"的关系，有一些生物活性可以在不同的菌种、菌株之间互相传递。

但是，以上提到的这些益生菌对健康的促进作用，多数都是理论和实验室层面的，但实验室研究不等于临床疗效，益生菌究竟能不能促进健康、防治疾病，还要靠实践进行检验。

虽然商业宣传讲得天花乱坠，但是临床研究发现，绝大多数益生菌是无法在人体肠道中长期生存的，也不能长久改善人体的健康状态。

目前发现的最明确的益生菌的作用，主要是在急性腹泻中的应用，而且这种治疗作用也是有菌株特异性和剂量要求的，研究最充分的就是鼠李糖乳杆菌和布拉氏酵母菌 2 种。治疗剂量的鼠李糖乳杆菌、布拉氏酵母菌可以缩短急性腹泻时间 1 ~ 2 天，对于抗生素相关性腹泻，益生菌也有一定的预防作用。但是，也有最新的研究数据显示，鼠李糖乳杆菌对腹泻的治疗效果并不好于安慰剂。不仅如此，益生菌在肠绞痛、便秘、过敏、预防感染等方面的各种应用，虽然常见于商业宣传，但从严谨的医学角度来看，都缺乏有效性证据。

益生菌并不是万能的，它的作用也并不神奇。关于益生菌的医学研究方兴未艾，但在更确切的研究结论得出之前，使用益生菌还是需要严格把握适应证。家长要知道，益生菌并不是"有病治病、无病防身"的万能保健品，如果想给宝宝使用益生菌制品，或者其他膳食补充剂，建议先咨询医生，经充分讨论和评估后再决定。

为了增强宝宝的体质，家长不应该迷信膳食补充剂的神奇作用，而是应该从均衡饮食、合理锻炼、规律作息等方面下功夫。

专栏七

如何为宝宝添加辅食
（入门篇）

冯雪

卓正医疗营养科、母乳喂养咨询门诊医生
临床营养师
国际认证泌乳顾问（IBCLC）
哈尔滨医科大学硕士

༄ 001 什么时候给宝宝添加辅食

宝宝出生以后就要喝奶，母乳是宝宝最好的营养来源，但是随着宝宝一天天长大，他们也要逐渐像大人一样坐在餐桌前进餐。在婴儿期，宝宝的主要食物是奶，除了奶以外的其他食物都统称为"辅食"，而如何给小宝宝添加辅食也是很有讲究的。

什么是"辅食"呢？辅食，是指母乳和配方奶粉以外的其他各种食物。在英文中把辅食又称为"Solid Food"，翻译成中文就是"固体食物"的意思，从字面意义上也可以理解为宝宝的饮食要从流质食物向固体食物转变了。

母乳是婴儿最理想的食物，纯母乳喂养能满足婴儿 6 月龄以内所需要的全部液体、能量和营养素。对于出生满 6 个月之后的婴幼儿，母乳仍然是重要的营养来源，但随着婴幼儿快速生长，会需要更多的能量、蛋白质、铁、锌及各种维生素等营养物质，单一的母乳已经不能完全满足宝宝对能量及营养素的需求，这时就必须引入其他营养丰富的食物了。

与此同时，随着胃肠道消化功能的发育完善，口腔运动功能、味觉、嗅觉、触觉等感知觉及心理、认知和行为能力的进步，宝宝会逐渐准备好接受新的食物。添加辅食不但能满足宝宝的营养需求，还能促进宝宝感知觉、心理及认知和行为能力的综合发展。

关于添加辅食的时间，目前主要有两种说法，一种是建议满 6 个月

（出生 180 天）起开始添加，一种是建议在 4 ～ 6 月龄添加。

世界卫生组织和中国营养学会均推荐满 6 个月后添加辅食。有研究发现，纯母乳喂养的宝宝推迟到 6 月龄以后添加辅食，呼吸道感染和消化道感染的概率会略低。欧洲儿科胃肠病肝病和营养学协会建议在宝宝 4 ～ 6 月龄添加辅食，理由是在满 4 月龄之前，宝宝的消化道和肾脏功能都不够成熟，因此不建议在宝宝 4 月龄（也就是满 17 周）之前添加辅食（除母乳或婴儿配方奶粉之外的任何固体和液体食物），但也不建议推迟到 6 月龄（满 26 周）以后再添加。

一些研究发现，4 ～ 6 月龄的宝宝对不同口味食物接受度最高，而 6 ～ 10 月龄的宝宝对不同质地的食物接受度较高。适时添加与婴幼儿发育水平相适应的不同口味、质地和种类的食物，可以促进婴幼儿味觉、嗅觉、触觉等感知觉的发展，还能锻炼舌头的活动及咀嚼吞咽能力。

综合各权威机构指南建议和研究结论，建议家长要根据宝宝的生理需求和神经发育情况来决定何时给宝宝添加辅食，一般情况下可以在宝宝满 6 个月后开始添加辅食，但如果宝宝已经表现出很明显的进食能力和信号的话，也可以选择在其 4 ～ 6 月龄添加。

这里需要强调一点，家长应在宝宝具备一定的发育技能后，才可以考虑开始添加辅食。这些技能信号包括如下几个方面：

（1）宝宝在一定支撑下可以保持上半身坐稳，能够很好地控制头部和颈部。

（2）宝宝的挺舌反射消失，这通常出现在 4 ～ 5 月龄。挺舌反射是指宝宝用舌头将置于其双唇间的任何物体推出口腔的行为。在挺舌反射消失之前，用勺子喂食非常困难，会给母亲和宝宝都带来挫败感。如果在 6 月龄添加辅食时，宝宝仍然把食物顶出来，说明他可能还存在挺舌反射，并且不能很好地利用抿嘴的动作包住口腔里的食物，这时就需要家长耐心等待宝宝口腔处理食物的能力逐渐成熟起来。为了更好地锻炼宝宝舌头和口腔肌肉的运动，家长可以提供手指饼干或磨牙棒等口感较硬的、嚼不动的食物，一般宝宝很喜欢抓磨牙棒放进口中练习啃咬。

（3）喜欢把玩具或手指伸进自己口中，表现出对食物或大人进食的兴趣，到了进餐时间时会身体前倾，看到食物也很想张嘴去吃。

当宝宝具备了以上 3 条非常典型的发育技能后，家长就可以尝试给宝宝添加辅食了。

∞002 "理性剁手"——如何挑选实用的辅食用品

为了给宝宝制作辅食，很多妈妈费尽心思研究辅食工具，面对市面上琳琅满目的商品，家长应如何理性选择辅食用品呢？

宝宝一定要坐在餐椅里吃辅食吗

一些有喂养问题的宝宝最经常性的表现就是吃饭不坐餐椅，不是随便找个地方坐着、靠着就是被大人抱着喂吃辅食。

为了养成良好的饮食习惯，建议让宝宝坐在有桌板的餐椅里进食。6 月龄左右的宝宝不一定都能独立坐稳，家长可以准备一些抱枕或软布塞进椅子里，让宝宝身体可以稳固地坐在餐椅里。舒适的餐椅应当能保证宝宝进餐时坐得舒服，最好能满足以下几点：

· 桌板高度在宝宝肚脐和胸部之间。

· 宝宝充分靠前坐时，膝盖能超过椅子的边缘。

· 宝宝两腿之间有挡板，可以防止宝宝滑出椅子。

· 对于经常腿脚晃动导致身体不稳定的宝宝，可以根据需要增加搁脚凳。

选择辅食机还是"料理棒 + 蒸锅"

初加辅食阶段，家长会需要一个工具来把食物搅打成泥，但这个阶段一般不会很长，宝宝往往很快就不愿意吃泥糊状食物了，所以有的妈妈会觉得辅食机性价比不高，而更愿意选择"料理棒 + 蒸锅"的组合，这样等宝宝不吃糊状食物后还可以用料理棒打碎食物来做其他的家常菜。

需要注意的是，如果选择料理棒，那么还需要额外配一个蒸

锅来把食物蒸熟，而辅食机的好处就是蒸熟和打碎是一体的，打肉泥也会特别细滑，省时又省事，缺点是价格昂贵，且单次放入太少量的食物无法打碎。

研磨碗

使用研磨碗做辅食肯定没有用电动辅食机搅打那么快速和细腻，不过胜在价格便宜。刚开始添加辅食的宝宝，每次的辅食量并不大，可能每餐只吃一两颗青菜、一小块儿水果，这时用研磨碗就是个不错的选择，它会比辅食机更加节省食材。

辅食剪

辅食剪是常用的辅食工具，适合用来剪碎熟软食物，它操作方便，容易上手，也适合外出携带。外出就餐时，很多饭店都没有专门提供给小宝宝的食物，那如果碰到大块儿的食物，宝宝嘴小吃不了怎么办呢？用辅食剪就都能搞定了。

市面上的辅食剪的材质主要有三种：第一种是刀头使用医用不锈钢材质制成，剪蔬菜、肉类等都没有任何问题；第二种是整个剪刀都由

ABS树脂材料制成，一般只能剪软食，如面包、面条等，若剪其他食物就会比较困难；第三种是陶瓷剪刀，不会磨损也不会生锈，但不能剪太硬的食物，从高处掉落的话容易崩口、缺角或断裂。

勺子和叉子

在刚开始添加辅食时，宝宝大多没有牙齿，因此建议家长选择柔软一些的勺子，如硅胶材质的，以保护宝宝的牙床。但随着宝宝逐渐长大，其用勺技能也会逐步提高，所以在宝宝1岁以后，家长应当选择好抓的、勺把宽短的勺子来让宝宝练习自己吃饭。选择的勺子勺头要大一点深一点，这样更利于宝宝吃进食物。叉子的特点在于叉头呈锯齿状，面条正好可以挂在叉头上而不会掉下来。不锈钢的勺子，更适合用来刮水果泥，如苹果泥、梨泥等。

在1岁以上的宝宝进餐时，给他准备2～3个勺子或叉子就可以了。在小月龄的宝宝进餐时，可能需要准备3～5个勺子，分为大人喂宝宝用的和宝宝自己用的，因为宝宝有时候每个手上都要抓1个勺子，有时候可能会随意挥舞手中的勺子并松手丢下去，如果只准备2个勺子也许会不够用。宝宝在练习自主进食过程中会更喜欢从自己拿着的勺子里获取食物，"自己喂自己"，但通常又吃不到多少，所以大多数时候还需要大人帮助一下宝宝，也就是说，大人喂饭和宝宝自己

吃饭同时进行。

辅食碗（注水保温碗、不锈钢碗、吸盘碗等）

其实在喂食阶段什么类型的碗都可以用，不同材质的碗也各有优缺点。

不锈钢碗： 优势是好清洗且食物冷却比较快，尤其在宝宝很饿的情况下，选择不锈钢碗可以更快地帮助食物降温。

吸盘碗： 使用吸盘碗时最好不要在宝宝面前演示吸住和取下来的过程，否则好奇的宝宝就会经常把注意力集中在碗上而分散了对食物的注意力。进餐时家长最好把碗提前吸在桌面上，让宝宝以为这个碗就是固定的，这样也可以降低宝宝把吸盘碗掀翻的概率。

保温碗： 并不是每个家庭都需要保温碗，因为一般情况下宝宝进餐在 15 ～ 30 分钟之内就可以完成了。如果家长担心冬天食物容易变凉，那使用保温碗就可以很好地保证进食过程中的食物温度。对于进食速度特别慢的宝宝，家长也可以考虑选择保温碗。

如何选择辅食油

市面上油的种类非常多，很多卖得很火的所谓"婴儿食用油"都涉及商家的过度宣传。植物油的种类太多了，并没有哪一种油一定是营养成分最完美的。《中国居民膳食指南》推荐可以给宝宝选择富含 α - 亚麻酸的植物油，如亚麻籽油、紫苏油等。对于婴幼儿来说，进食肉蛋类和奶类即可获得充足的脂肪。辅食烹饪方法建议多采用蒸、煮，不用煎、炸，所以烹饪用油量无需太多，一般每次几滴就够了。也可以让宝宝跟着家里人一起吃普通的植物油。

每个家庭最好不要常年只专门吃一种油，最好多买几瓶不同种类的油，多种食用油换着吃可以让脂肪酸摄入比例更均衡。还要注意的是，由于烟点不同，并不是所有的油都适合高温爆炒，一些烟点低的油只适合用来做低温烹饪和凉拌菜。例如，花生油、大豆油、葵花籽油、玉米油、菜籽油等都是适合炒菜用的高烟点的油，冷压初榨的橄榄油、亚麻籽油则不适合用来炒菜，直接滴到食物中食用即可。

⌘003 吃什么，吃多少，如何判断过敏

可能很多家长会问，"应该最先给宝宝添加什么食物呢？"答案是"强化铁的婴儿米粉和红肉泥"。红肉主要是指富含血红蛋白和铁元素的畜肉类和动物内脏，最常吃的就是猪肉和牛肉了。宝宝到了6个月之后，由于从胎儿时期储备的铁已经消耗殆尽，铁的需求量便开始成倍增加，此时宝宝每天的铁元素需求有99%都要从辅食中获得，所以宝宝最先添加的辅食应该是富含铁的高能量食物，最常用的就是强化铁的婴儿米粉和红肉泥。之后的辅食添加顺序就没有特别的要求了，建议可以从谷薯、肉蛋、蔬菜、水果四大类食材中，每大类里各选一种食材依次添加，保证四大类食物各吃过一种后，再继续各选另一种新食物来依次添加，以此循环，就可逐渐将食物种类丰富起来，从而保证宝宝营养均衡。

辅食添加的原则是每次只添加一种新食物，由少到多、由稀到稠、由细到粗，循序渐进。每引入一种新食物的前 2～3 天，家长要密切观察宝宝是否有呕吐、腹泻、皮疹等过敏的表现。在实际操作过程中，有一些家长会在同一天给宝宝引入多种新食物，这样操作后更要密切观察宝宝有无不舒服的过敏症状。

什么表现要怀疑食物过敏呢？最常见的是皮肤和消化道的症状，如皮肤出现红肿、瘙痒的急性荨麻疹，消化道症状则是出现呕吐和腹泻。

食物过敏很容易误判，来自家长和患者报告的食物过敏中，大约只有 1/3 是真正的过敏，其他多数则是误判，例如，宝宝添加新食物后湿疹似乎有一点加重，但这不一定是食物过敏，因为湿疹本身就是容易反复出现的皮肤问题，食物过敏和湿疹不一定存在因果关系。那如果宝宝进食某种食物后湿疹加重了，或停了一段时间某种食物后湿疹好转了，能不能诊断为食物过敏呢？这种情况也不能急着下结论，因为湿疹存在自行好转或加重的可能性，一般建议先回避某种食物一段时间，如果症状好转或消失，再在医生指导下或临床监测下谨慎地摄入这种食物，如果症状再次出现或加重，便要怀疑该食物是"罪魁祸首"了。

大便发生变化是否也要考虑食物过敏呢？大便的轻微变化，如出现一点鼻涕样的黏液、便秘、出现未消化食物残渣等，并不代表过敏。宝宝出现咳嗽也不一定是过敏，因为食物过敏很少单独引起呼吸道症状，通常会同时伴有皮肤和消化道症状。

如果添加新食物后宝宝出现一些轻微的异常，但家长又不确定是对该食物过敏，那可以先暂停添加，看宝宝的症状发展还是消失，这些异常是否让宝宝感觉到特别不舒服，以此来判断如再次引入该食物宝宝是否会出现同样的症状，如果依然不能确定是否为过敏，可以向医生咨询。

有的妈妈可能会问："既然一次只能加一种新的食物，那把已经添加过的各种食物跟新食物混合到一起添加可以吗？"答案是"可以"。已经添加过并确认不会引起不良反应的食材可以每天混合搭配，只有那些没吃过的新食材，才需要一次只添加一种来观察是否会导致过敏。

也有妈妈会认为这样每一种新食物单独添加3天还要观察宝宝是否有不良反应，有些太过于保守了，那如果宝宝在日常生活中并不是很容易过敏的宝宝，是否可以一次加2～3种新食物呢？其实也是可以的。根据宝宝的个体情况及食材的不同选择，家长的喂养方式也可以灵活多变，如在添加青瓜、小白菜等一些低敏风险食物时，也可以几种新食材一起添加。

添加辅食要注意"量"的控制

在开始添加辅食时，可以给宝宝吃1～2勺的食物来测试会不会引起过敏，同时要观察宝宝对食物味道和性状的接受度，之后吃多少量就可以由宝宝自己决定了。在这个阶段，家长不需要纠结宝宝辅食吃得太少，因为宝宝在1岁之前，奶才是最主要的营养来源，如果强迫宝宝多吃他不喜欢的辅食，只会让宝宝更加反感。家长应多关注宝宝对吃辅食的兴趣和对其进食技能的引导，让宝宝更加有信心来学习进食除奶以外的新食物。

在6～12月龄，宝宝除需要保持每天至少600毫升的奶量以外，还要保证摄入足量的动物性食物，如每天1个鸡蛋+50克肉禽鱼类，以及一定量的谷物类食物，蔬菜、水果的量以宝宝需要而定。不建议盲目"照书养"，模板式的辅食食谱不一定适合每一个宝宝。

在就餐次数上，建议可以参考"6-9-12月龄 /1-2-3 餐"的原则，即从 6 月龄开始每天 1 餐辅食（也可 1 ~ 2 餐），到 9 月龄后每天 2 餐辅食（也可 2 ~ 3 餐），12 月龄后每天 3 餐辅食。在此基础上，可以选择上午或下午时加食水果餐。不过，这也是可以灵活变通的，有的宝宝一次吃得少，就可以早一点加到多餐次；有的宝宝一顿吃很多，就可以晚一点加到多餐次。辅食只需根据宝宝的需求、作息规律、家庭进餐时间等来综合安排即可，但注意要在宝宝健康且情绪良好时添加辅食，辅食喂养也应尽量安排在与家人用餐相近或相同的时间，以便宝宝日后能与家人共同进餐。

不同月龄宝宝对不同性状的食物适应程度不同

6 ~ 8 月龄宝宝的辅食质地应该是泥糊状的，到 9 月龄时可以是带有小颗粒的厚粥、烂面、肉末、碎菜等。宝宝在 8 ~ 9 月龄，家长应为其准备一些便于用手抓捏的"手指食物"，如软的水果块、薯块、馒头、面包片及撕碎的鸡肉条等。12 月龄以上幼儿的辅食可以逐渐接近家庭日常饮食。

1 岁以上的宝宝不再适合经常吃特别细和特别稀的食物，家长应当鼓励其自主进食，学会用勺子、叉子等工具和家人一起进食家庭食物。

∽ 004 常见问题

添加辅食后宝宝出现便秘怎么办

开始添加辅食后，部分宝宝会出现便秘的情况，这是什么原因呢？

其实妈妈们不用太担心，大多数宝宝的便秘属于功能性便秘，大多可以通过调整膳食结构来改善。家长可以根据需要给宝宝适当增加富含膳食纤维的蔬菜和富含山梨醇的水果来解决宝宝的便秘问题，西兰花、梨、西梅、火龙果、猕猴桃等都是很好的通便食材。

还有一些妈妈在刚开始给宝宝加辅食时掌握不好该给宝宝吃多少，导致宝宝吃的辅食总量太多，如6月龄时就给宝宝加了3餐辅食，结果导致宝宝奶量摄入不足，还出现了便秘，这种情况下就要减少辅食的总摄入量，适当增加奶量和饮水量来改善便秘。

还有一些特殊的情况，如宝宝添加辅食时同期口服铁剂和钙剂，也可能引起便秘，这时家长可与医生沟通调整补充剂量。

若通过饮食调整无法改善宝宝便秘，可以向医生咨询使用口服轻泻剂来进行治疗。

哪些食物是不推荐给宝宝吃的

1岁以下的宝宝不推荐食用蜂蜜、未经巴氏消毒的鲜榨果汁及盐和糖等调味品，也不应该喝牛奶，但在添加辅食后可以尝试吃酸奶和奶酪，当然，推荐的是无糖的发酵酸奶和高钙、低钠、无糖的奶酪。

婴幼儿进食时应有家长看护，并且不要哄逗宝宝边吃东西边说话或大笑，以防进食发生意外。一些小的、圆的、滑的、硬的、整粒的食物，如花生、坚果、果冻、硬糖等则不适合婴幼儿食用。

添加辅食后可以给宝宝喝水吗

可以，但不用太纠结每天的饮水量，因为宝宝的奶和辅食里已经含有很多的水了，当宝宝有需要液体补充的情况时也可以酌情增加水的摄入。当然，从保持口腔卫生和学习使用吸管杯的角度来看，也可以每天在吃完辅食或喝奶之后让宝宝学习用学饮杯喝一点水。

6月龄的宝宝吃肉会不会不消化

6月龄以上的宝宝，其消化道已经完全可以胜任肉类的消化了，而且肉类其实并不会比其他食物更难消化。同时宝宝在6个月以后铁的需求量会翻倍，如果不及时添加肉类，也会增加宝宝贫血的风险。

怎样加工红肉

初加辅食时建议尽快添加红肉，因为红肉里富含铁、锌和蛋白质，可以满足6月龄宝宝的营养需要。那红肉应该怎么做给宝宝吃呢？家长可以用辅食料理机把生的红肉打碎成肉泥，然后再做成熟肉泥给宝宝吃，这样的肉泥口感相对细腻。一些妈妈习惯先把生肉整块煮熟后，再用料理机打碎，这样做出来的肉泥口感会比较粗糙。当然，选择嫩一点的部位，或加入一些生粉，都可以让肉泥变得更加松软。

宝宝太爱吃辅食，需要控制总量吗

辅食的食材种类应当尽量丰富多样，在正常饮食结构中，提倡每餐都要有谷薯类、肉蛋类、蔬菜类的食材，这样才能保证宝宝摄入更多的营养成分，营养才能更均衡。有的家长在早餐只给宝宝提供一个鸡蛋，只有中餐包含肉类，其他餐次只有素食，这样的膳食搭配其实是不合理、不均衡的。还有很多家长担心宝宝吃得"太杂"会不消化，吃得太多会"积食"，其实这些说法是都没有科学依据的。

专栏八

如何引导宝宝
自主进食（进阶篇）

冯雪

卓正医疗营养科、母乳喂养咨询门诊医生
临床营养师
国际认证泌乳顾问（IBCLC）
哈尔滨医科大学硕士

∽ 001 什么是顺应喂养

在给宝宝添加辅食的过程中，妈妈常会遇到各种各样的苦恼。有妈妈说"宝宝吃得少、挑食，还拒绝尝试新的食物"，也有妈妈说"宝宝经常吐食物、扔食物，吃饭时不愿意坐在餐椅上，总是在地板上跑来跑去"，还有妈妈说"宝宝只有在看 iPad 或电视时才能坐在餐椅上安静地吃饭"……

家长们拿宝宝没办法，有的严厉呵斥制止，有的溺爱顺从、追着喂饭，但情况却总是越来越糟，宝宝越来越不爱吃饭，家长越来越着急，似乎形成了一个恶性循环。

不难发现，在儿童喂养这件事上，家长们很容易出现同一个问题，那就是强迫和控制宝宝进食，也称为"包办式喂养"，其最大的特点就是总是由家长来决定宝宝怎么吃、吃什么、吃多少，家长往往忽略了宝宝真正的需求和感受。这种家长通常会有以下几种表现：

（1）嘴上总是说"再来一口""最后一口"，永远觉得宝宝吃得不够饱、不够多，用尽各种方法连哄带骗，即使花费个把小时也要把一整碗食物全都喂完。

（2）"清洁控"，不能容忍宝宝吃得"脏乱差慢"，经常在进餐过程中拿纸巾或毛巾给宝宝擦嘴巴、擦手、擦桌子、清理食物等，完全不顾这样做会干扰宝宝正常的进食过程。

（3）食物做得太精细，总是担心大块儿的食物会让宝宝呛着、噎着，觉得宝宝只能吃稀饭或糊糊，肉和菜都打得很细碎。也有一些家里的长辈认为白粥有营养，对胃好，就一直给宝宝吃白粥，以致宝宝都1岁了还没有吃过干饭。

（4）食材种类少，搭配不够科学。宝宝喜欢吃的就经常做，不喜欢的就很少做，导致宝宝的食物谱越来越窄。

（5）宝宝不好好吃饭就用奶或零食来填补。如果宝宝在两餐之间饿了，就直接让他喝点奶、吃点零食，结果到了下餐时间宝宝不饿了，自然也吃得不好了。

（6）只要能吃下去食物，允许宝宝边玩边吃，如逗宝宝、给宝宝玩具或打开电视等利用宝宝玩耍时会放松警惕来使其机械式张口接受食物，从而让喂饭显得更加"容易"。

上述这些情况在很多家庭中都会出现，其本质就是家长在控制宝宝的进餐过程，宝宝失去了吃饭的"主动权"，自然就会变得越来越不喜欢吃饭。

家长都希望宝宝可以"吃嘛嘛香"，看到宝宝不好好吃饭也确实会着急犯难，那要如何才能解决这个问题呢？

最有效的办法就是——"顺应喂养"。

所谓"顺应喂养"，也叫"回应式喂养"，是指喂养的时候父母和宝宝"各司其职"，采用"分工负责制"，即家长决定宝宝进食的时间、地点和食物种类，而吃多少食物则由宝宝来决定，家长不能要求宝宝全部吃完。研究发现，采用顺应喂养方式可以让宝宝未来的饮食更加健康，吃更多的蔬菜、水果及奶制品，更少吃垃圾食品，对降低肥胖风险也有很大帮助。

顺应喂养有以下几条注意事项：

（1）鼓励但不强迫宝宝进食。

在喂养过程中，家长要多与宝宝进行交流，多注意宝宝的眼神，及时识别他们发出的交流信号，并给予积极、关爱的回应。

举个例子：一个宝宝爱吃肉，很少吃蔬菜，家长希望宝宝多吃蔬菜。

鼓励进食的家长会说："今天的青菜看起来真不错，尝尝吧！"这里也有一个小技巧，即尽量用肯定的语气和宝宝说，而不是询问"尝尝可以吗""尝尝好不好"等，因为这样宝宝通常更乐意说"不"。

强迫进食的家长会说："你怎么总吃肉不吃菜呢？快把这些菜都吃完，不然妈妈就生气了，你不吃蔬菜的话会便秘的，医生让你多吃蔬菜呢！"

家长如果换位到宝宝的角度，听到这两种回应时，感受又会如何呢？

很明显，鼓励进食的家长说的话让人听起来更舒服，他们会对宝宝的进食过程表示肯定，宝宝并不觉得自己在餐桌上做了错事，接下来的进餐过程也会表现得更加积极，这个时候如果家长提出吃蔬菜的建议，宝宝会更容易接受。

强迫进食的家长对于宝宝的进餐过程总是很不满意，他们也很想通过讲道理的方式来说服宝宝更加健康地进食，但宝宝很难能真正理解家长的意图，同时，长期处于被言语否定和较强压力环境下的宝宝可能会变得更加叛逆。

（2）鼓励并帮助宝宝逐步建立自主进食的能力。

（3）创造适宜的就餐环境。吃饭时要减少环境干扰，关掉电视并收起玩具和零食，使就餐环境更加舒适。

（4）设定恰当的进餐规则，如有固定的吃饭地点，要坐餐椅，进餐时关闭电视、不玩玩具，每餐时间不超过 30 分钟，不用食物作为奖励和惩罚等。

顺应喂养的家长会引导宝宝进食，而不是控制宝宝。他们会尊重并恰当回应宝宝"肚子饿"和"吃饱"的信号，会合理安排进餐时间表来保证宝宝的食欲，会给宝宝提供适合其年龄的食物，给宝宝做愉快进餐的示范，与宝宝正面、积极地谈论食物等，不会采取不愉快的强迫的方法。

∽ 002 什么是 BLW（宝宝自主进食）

很多家长可能遇到过这种情况：宝宝在刚开始添加辅食的时候兴趣十足，会一口接一口地吃妈妈喂过来的米糊，但突然有一天，宝宝不再好好吃勺子里的食物了，甚至把喂进嘴巴里的食物"噗噗噗"地吐出来，还开始拒绝勺子喂食，一看见送过来的勺子就闭着嘴巴扭动身体，躲开喂食。

这种突然出现的对喂食的拒绝会让家长很头疼，但宝宝真的是不想吃吗？

细心的家长会发现，宝宝每天依然会正常喝奶，大人吃东西的时候，他们会一直盯着看，嘴巴也跟着动甚至还会流口水，这种种迹象表明，宝宝其实是想吃东西的！

那为什么宝宝明明想吃东西，但喂他时他却又不好好吃呢？这是因为宝宝的自我意识越来越强了，他想要自己做主，而不愿总是被动地接受。如果宝宝出现了上述这种不好好接受喂食的情况，家长不妨试试BLW，即"宝宝自主进食"。

BLW 的理念最早起源于英国，这种喂养方法受到了众多妈妈和儿科医生的欢迎和推荐。BLW 的全称是"Baby-Led Weaning"，是指宝宝主导的辅食添加，也就是宝宝自主进食。这种进食方式不再由家长主导喂食，而是让宝宝自己抓食物吃。BLW 不再以提供泥糊状食物为主，而是让宝宝通过抓、咬、舔、啃等方式来吃柔软成形的食物，也称为"手指食物"。手指食物主要指宝宝用手能够抓起的成形的食物或用手能够捏碎的、柔软度合适的食物。

传统辅食添加是先把食物打成泥，家长再用勺子喂食宝宝，8 月龄以后才开始添加颗粒或软块的固体食物。BLW 非常积极，完全不提供泥糊状食物，从宝宝 6 月龄开始就提供柔软的手指食物，让他们自己来学习和探索怎样咀嚼与吞咽固体食物，辅食进程完全由宝宝主导。

BLW 的优点

（1）有利于宝宝发展精细动作，锻炼手眼协调和咀嚼吞咽的能力。

（2）能让宝宝学习用自己的能力和判断力来决定吃什么和吃多少，宝宝会更加自信。

（3）减轻照顾者的负担，不用再精心、费时地准备泥糊状食物，也不用再想方设法喂养宝宝。

（4）宝宝和家长都没有压力，全家可以享受健康又愉快的进餐过程，这对建立良好的亲子关系、培养宝宝健康的饮食习惯等都有正面、积极的影响。

BLW 的缺点

让宝宝自己吃饭，可能会吃得特别脏，如米饭粒黏在宝宝的脸上、身上、头发上等，家长需要多花一些时间进行清理。宝宝在 6 月龄刚添加食物的时候，需要含铁丰富的食物，如强化铁的米粉和红肉，但这两种食物不太方便制作成手指食物，因而可能导致宝宝铁摄入减少。另外，可能还经常会有人质疑 BLW 的方法，毕竟还有很多人无法接受"宝宝自己可以吃饭"这件事，这可能会让妈妈内心动摇。

如何开始尝试 BLW

宝宝需要具备一些进食能力并发出信号后，家长才可以考虑开始添加辅食。4 ~ 6 月龄的宝宝如果挺舌反射消失、对大人进餐感兴趣并且可以竖立身体稳固靠坐，那就表示这个宝宝可以尝试添加辅食了。BLW 需要在这些添加辅食信号的基础上，观察宝宝动手抓食物的能力和进食意愿，如果宝宝能够主动抓取食物并把它放到嘴巴里啃咬，就说明宝宝已经具备了自主进食的能力和意愿，家长可以尝试开始让宝宝自主进食了。

但是，进食能力和意愿的发展是因人而异的，与宝宝开始讲话、爬行、走路的时间不尽相同一样，开始 BLW 的时间也有个体差异。如果宝宝到了 6 月龄还不会主动抓食物放进嘴里吃，而是更喜欢大人喂食，那家长也不需要当即就开始宝宝自主进食，可以再耐心观察和等待一段时间。

如果宝宝具备了开始 BLW 的信号，一般出现在 6 ~ 7 月龄，那家长就可以开始尝试给宝宝吃蒸软的土豆、南瓜、胡萝卜条等蔬菜类食物，以及香蕉、橙子、西瓜等水果块。虽然宝宝可能还没长牙，但这些手指就可以捏碎的食物，牙龈也能"咬"碎。再大一点的，如 8 ~ 9 月龄的宝宝，口腔咀嚼能力变得更强，每天抓各种土豆、红薯等根茎类食物已经不能满足他们的需求，他们会开始想要自己抓饭团、松饼、玉米、蔬菜条甚至鸡翅、排骨等来啃食。

虽然有些宝宝用勺子喂的话也吃得很好，但他们可能只是顺从而没有真正乐在其中。对这些宝宝其实也可以试试 BLW 的喂养方法。在这个过程中，家长不再过多管束宝宝，宝宝可以放松地自己喂自己吃东西，并且跟家人同时进餐，会更享受用餐时光。

BLW 需要结合宝宝的意愿需求和能力发展来进行，与传统喂食方法相比，它能更好地促进宝宝进食能力的发展，让宝宝更加喜欢吃饭。

∽ 003 怎样准备手指食物

BLW 提倡引导宝宝自主进食，给宝宝吃手指食物而非泥糊状的食物，那到底什么是"手指食物"呢？应该怎样给宝宝制作手指食物呢？

手指食物主要指的是宝宝能够自己用手抓起来的食物，并不是手指形状的食物。手指食物的形状可以有很多种，可以是条状的，也可以是片状、块状或颗粒状，只要是宝宝很容易用手抓起来的食物都算手指食物。提供手指食物的好处有很多，不仅可以锻炼宝宝精细动作和手眼协调的发育，还可以让宝宝锻炼自己吃饭，增强自信心和独立性。

家长可能会问："宝宝没有牙齿也可以吃手指食物吗？"答案是："当然可以。"

人类口腔中的前牙主要用来切断食物，负责咀嚼的主要是后边的磨牙。咀嚼时要把食物控制在牙齿或牙龈间，还需要舌头、脸颊、下颌肌肉的协同作用一起来完成。

宝宝需要等到长出磨牙才能咀嚼食物么？长出磨牙之前都只能吃糊糊吗？

当然不是。宝宝的磨牙要到1岁半左右才长，不可能让宝宝吃糊糊一直吃到1岁半，也不需要等磨牙长出来才吃需要咀嚼的食物。其实牙齿在萌出之前就已经在牙龈下排列好了，只是暂时还没有"冒出来"，这时牙龈的咀嚼力量也是不小的，其力度只需把手指放在宝宝牙龈上让他咬上一口就可以领教到了。

应该怎样给宝宝制作手指食物呢？下面给大家介绍一些常见的手指食物制作方法。

谷薯类：

强化铁的米粉对于宝宝补铁很重要，但米粉要怎么做成手指食物呢？添加辅食初期，可以将米粉冲泡成糊状后，让宝宝用手指或条块状食物蘸取米糊来吸食。待宝宝咀嚼能力进步后，可以把强化铁的米粉做成松饼、蛋饼、发糕、面片等各种面食。

常见的米面主食类手指食物包括馒头片、蒸饺、包子、意面、通心粉、蛋饼、玉米等。各种形状的意大利面，如贝壳意面、螺旋意面、通心意面、蝴蝶意面等都很适合宝宝抓着进食。米饭里也可以混入肉菜做成饭团。如果宝宝不太喜欢黏手的米饭，可以提供偏干硬一点的好抓的手指食物，如可以用紫菜把饭包起来做成紫菜包饭等。

蔬菜类：

把蒸煮过的蔬菜切成条状、块状或片状就直接变成手指食物了，如西兰花、胡萝卜、茄子、南瓜、节瓜、娃娃菜、四季豆、芦笋等，都可以这样做。对于一些偏硬的蔬菜，如胡萝卜等，就需要蒸久一点，以便宝宝能嚼得动。生的去皮的小黄瓜也可以直接给宝宝吃，冰镇冷藏一下还能帮出牙期的宝宝舒缓牙龈肿胀。也可以尝试把蔬菜放进烤箱里烤熟，这样做出来的蔬菜外表酥脆，更便于宝宝用手抓取。

水果类：

很多软的水果切成块状、条状后都适合给宝宝当作手指食物，如香蕉、橙子、西瓜、火龙果、牛油果、木瓜等。一些偏脆口感的苹果、梨、哈密瓜等水果可以切成薄片或煮软后（水果不必全都煮熟）提供给宝宝。芒果、香蕉等可以直接剥皮食用的水果，也可以部分剥开后让宝宝握住有果皮的地方，然后用牙齿或牙龈把果肉啃下来。小而圆的水果，如葡萄、提子、蓝莓等，需要对半切开或剥皮并去籽，这样宝宝吃起来相对安全一些。给宝宝吃葡萄时，家长可以观察到一个有趣的现象，葡萄如果没有去皮，宝宝也会自己把葡萄皮吐出来。

肉蛋类：

鸡蛋有很多种吃法，如果宝宝对全蛋不过敏的话，炒鸡蛋、厚蛋烧和鸡蛋饼都是很好的手指食物。很多家长认为肉类不好咀嚼便只给宝宝提供肉泥，其实把肉泥和面粉、鸡蛋混合后揉捏加工成肉丸子或肉肠，就变成很好的手指食物了。

其实绝大多数食材打碎后再混合揉捏，都可做成丸子或肠，这种做法可以让宝宝一次摄入很多种食材，是非常棒的食物选择。

一般大块儿的肉更容易让宝宝用手握住。鸡肉和鱼肉属于相对软嫩的肉类，很多宝宝都可以自己抓着无刺的鱼肉片、鸡翅或鸡腿吃。一些煮烂的排骨，如羊小排、猪肋排等也可以给宝宝尝试，如果宝宝撕不动或嚼不动，家长可以用高压锅把肉炖得再烂一点，或者帮宝宝把肉再撕剪一下。

需要强调的一点是：任何食材只要经过合适的加工都可以让宝宝手抓进食！

有些妈妈会问，"我做了手指食物，但是宝宝不怎么抓食物，或抓起食物却不往嘴巴里放怎么办""宝宝总是玩捏食物，没吃进几口怎么办""宝宝很挑食，只吃一种或几种食物怎么办"……

这些问题很常见，要想解决则需要回到"顺应喂养"上来——家长要观察宝宝到底想不想吃、进餐环境是否有压力、有没有分散注意力的玩具或电视节目、食物的性状和软硬程度是否合适、食材营养结构搭配是否合理等。

如果宝宝只是拿着食物捏捏玩玩，也能够情绪稳定地坐在餐椅上，就可以继续让他玩，因为这也是宝宝在练习进食技能和培养对食物的兴趣。但如果宝宝坐在餐椅上情绪越来越不稳定，家长则要及时终止进食，查找原因，主要可以从以下几方面来排查：

（1）宝宝是不是已经吃饱了，不饿了？

（2）提供的食物是否合适？食物种类是否丰富多样、性状是否符合宝宝月龄的发展需求？

（3）进餐环境会给宝宝造成压力或导致分心吗？作为家长，自己有没有强迫喂食让宝宝感到有压力，是否有玩具或电视节目分散宝宝的注意力？

（4）宝宝是不是身体不舒服，如困了想睡觉或生病等情况？

提供合适的手指食物能让宝宝在餐桌上表现得更积极，也能促进宝宝精细动作和咀嚼吞咽能力的发展。当宝宝不爱吃糊糊的时候，家长不妨试试手指食物吧！

〰️004 用勺子喂宝宝，需要注意些什么

在开始添加辅食时，有的宝宝可能还不会很好地抓取固体食物并放进嘴巴咀嚼吞咽，还是需要家长用小勺来喂食泥糊状食物，那这个过程中需要注意些什么呢？

（1）让勺子"平进平出"。不要把勺把向上翘起，把勺子里的食物从宝宝的上牙龈和嘴唇上刮下来，这会让宝宝感觉不舒服，如图8-1所示。

（2）不要搞"突然袭击"。一些家长经常趁着宝宝说笑时突然塞进勺子喂食，这很容易导致宝宝讨厌勺子喂食。

（3）勺子里的食物不要一次装太多，不要总想着一口就喂进很多

图8-1　错误示范，
将勺子上的食物用宝宝的牙龈刮下来

的食物；也不要速度太快，如果宝宝嘴里的食物还没吃完，下一勺食物又喂了进去就会使宝宝因嘴里装了太多食物而导致难以咀嚼和吞咽。

（4）勺子不要送得太深，否则可能会刺激宝宝引起干呕。

（5）不要经常用勺子在宝宝的嘴巴周围刮来刮去或用纸巾擦来擦去，这些做法会让宝宝很不舒服，甚至影响他的进餐情绪。如果不是食物进入眼睛，或宝宝的皮肤对食物刺激敏感，就应尽量等进餐结束后再来给宝宝做清洁。

可见用勺子喂食还是很有讲究的，很多宝宝不喜欢勺喂都与错误的喂食方式有很大关系。

随着宝宝逐渐长大，家长应如何引导他们学习用勺子吃饭呢？这里推荐两个方法：两勺法和蘸取法。

什么是两勺法呢？就是用勺子喂宝宝的时候，如果宝宝出现抢勺子的动作，家长则顺势把装着米糊的勺子递给宝宝。大多数宝宝抢过勺子后就直接塞进嘴巴里，"自己喂自己"，当宝宝把勺子里的食物吃光后，家长再用另一个勺子舀起米糊来交换宝宝手上的空勺子。这个方法经常需要不止 2 个勺子轮流交换，因为有时候宝宝要两手各抓 1 个勺子，有时候勺子可能会掉到地上，所以家长可能要准备 3～5 把勺子以备不时之需。

两勺法比较适合小月龄的、吃糊状食物的宝宝，大月龄的宝宝往往不愿意接受妈妈递过来的勺子，而是更喜欢自己拿桌子上的勺子了。

一般到宝宝 1 岁左右家长就要及时更换一批新勺子给宝宝练习和使用，因为婴儿期用的勺子可能勺头太过扁平以致不容易舀起食物送进嘴巴，更换的勺子勺头再大一点、深一点，同时勺柄要短粗一点，这样会让宝宝更容易抓握。

什么是蘸取法呢？有时候宝宝不喜欢被勺子喂食，但又表达出想要吃一些糊状食物，那该怎么办呢？这时就可以采用蘸取法，即用各种工具，如宝宝很喜欢的口咬胶、妈妈或宝宝的手指等来蘸取糊糊后再放进宝宝嘴巴里喂食，之前介绍的手指食物如西兰花块儿、萝卜条等也都是很好的蘸取工具。

妈妈们无须太急于让宝宝很快就学会用勺子独立进食，因为一般情况下宝宝要到 1 岁半左右才能独立拿稳勺子并自己舀起食物送进嘴巴，在此之前大多都是学习和练习的过程。

两勺法和蘸取法其实都是结合顺应喂养的理念所形成的喂养技巧，目的都是让宝宝感受到更多的进餐乐趣。

〰〰 005 自主进食的安全准则

随着宝宝逐渐长大，他们能吃的食物也越来越丰富，而家长们对进食安全问题也一定要提起足够的重视，一些可能呛到甚至引起窒息风险的食物千万不要给宝宝吃！这些食物如下：

（1）一整颗的葡萄、樱桃、草莓、圣女果等小而圆的食物（这类食物需要对半切开或者四开、去籽后再给宝宝吃）。

（2）葡萄干和其他的果干。

（3）花生等圆的、硬的坚果。

（4）花生酱、果冻等黏稠的食物。

（5）硬糖等零食。

很多家长担心宝宝吃东西时会呛到或噎到，尤其吃手指食物这种固体的块状食物的时候，宝宝好像经常出现因处理不好食物而干呕的情况，那宝宝吃手指食物究竟会不会有风险呢？

首先，家长要了解，"呛到"和"噎到"是两个概念。如果食物因太大或太粗糙而卡在了食管里，宝宝可能会伸出舌头，作呕想把食物吐出来，这种情况称为"噎到"。

如果吞咽时食物进入了气管，这就是"呛到"。轻的呛到，宝宝会自己咳嗽把食物咳出来，但严重则可能导致窒息，宝宝会表现出张大嘴巴、脸色迅速变紫、没法哭泣或咳嗽甚至不能呼吸，这时就需要立即施行气道异物急救。

其实噎到并没有危险，家长主要担心的问题是食物呛到气管里去。那手指食物比糊状食物更容易呛到吗？研究发现，以传统方式添加辅食和自主进食的宝宝相比，二者出现呛到的概率没有明显差异，这说明宝宝因呛到而导致的窒息风险并不会因喂养方式不同而发生变化。

为了降低宝宝呛到的风险，家长需要注意：

（1）给宝宝提供安全的、合适的手指食物，坚果、果冻、花生酱等坚硬或黏稠的食物容易引起窒息，不能给宝宝吃。

（2）宝宝进餐时应当上身直立地在餐椅上坐稳，不能身体晃来晃去甚至在地上跑来跑去地吃东西。

（3）宝宝进食时心情应当是愉快的，情绪也是稳定的，不要哄逗宝宝喂食，不要在大笑或大哭时喂其吃东西。

（4）宝宝进餐时旁边应有大人陪伴和观察，如出现气道异物梗阻，应及时采用正确的方法进行急救。

006 其他常见问题

宝宝自主进食会不会吃不饱

1岁以内，宝宝的食物以奶为主，添加辅食也是其学习进食的过程，尤其在最开始引导自主进食时，家长不要太在意食量，而应把关注的重点放在引导和培养宝宝进食技能和进食兴趣上。

有些宝宝不愿意用手抓取食物，有些宝宝抓起食物却不放进嘴里吃，还有些宝宝抓不起食物就发脾气，这时候家长应及时发现宝宝情绪和行为的变化并提供适当帮助，如积极地安抚宝宝的情绪、提供性状更合适及食材种类更丰富的手指食物等，也可以直接拿起食物送到宝宝嘴巴里或采用两勺法来帮助宝宝更好地进食。

当宝宝有兴趣也有能力进餐时，他们是不会让自己饿到的。家长如果担心宝宝太瘦小，怕他吃不饱，可以先观察宝宝的进食能力再做出判断，至于提供的食物搭配和喂食帮助是否合适，必要时应拍摄进餐视频，请医生进行评估。

宝宝不愿意主动抓取食物怎么办

这个问题其实非常常见，每个宝宝的情况也不尽相同，有些宝宝是还没有完全准备好自己吃饭，他们更愿意张着嘴巴等着被大人喂食，有些宝宝则是讨厌黏黏软软的食物，他们可能更喜欢抓手感粗硬一点的东西放进嘴里，还有些宝宝是因手指食物吃起来难度太大，感到"受挫"而不愿自主进食。

至于具体是什么原因导致了宝宝不愿意动手抓取食物，家长需要细心地观察和分析。有时候调整一下手指食物的性状，或丰富下食材种类，很多宝宝就会重新对自主抓取食物提起兴趣了。

其实，对固体食物的兴趣本身就是因人而异的，有些宝宝 6 月龄开始 BLW，9 月龄就能独自吃馒头、啃鸡翅，有些宝宝对固体食物的接受可能要等到 8 月龄之后，甚至到 10 月龄或 12 月龄也只能吃少量的固体食物。

宝宝总是把吃进去的食物又吐出来，是还不会自己吃吗

有些妈妈发现宝宝吃水果时会主动抓起水果放进嘴里，但他们通常是把果汁吸一吸咽下去，其他的咬不动的食物残渣就全部吐出来。如果出现这种情况，家长首先需要观察宝宝是咀嚼还是吞咽出了问题，也就是要观察宝宝到底是"嚼不动"还是"咽不下"。

其次要观察宝宝嘴里的食物是否太大块儿、太干硬，宝宝是否吃得太多以致嘴巴都被填满了，是否喜欢这个食物的味道和口感，是否准备好了要接受固体食物及宝宝吐出食物后是否还能很高兴地继续进食等。

咀嚼、吞咽食物是个复杂的过程，它需要由舌头、脸颊、下颚的肌肉群协调配合地运动才能很好地完成，其中任何一个环节出现问题都可能导致宝宝把吃进去的食物又吐出来。这也是天生的保护机制，把食物嚼烂后再吞咽能降低宝宝发生气道异物梗阻的风险。因此家长大可不必担心，只需继续提供合适的手指食物，放心让宝宝练习、学习和探索就好了。

可以给宝宝吃磨牙饼干和溶豆吗

可以。一些磨牙饼干质感很硬，很难咬断，但用口水含化后就能被宝宝安全进食了，它既可以锻炼宝宝口腔肌肉运动，又可以降低口腔敏感度，是很好的手指食物。溶豆也是很好的手指食物，不仅可以锻炼宝宝舌头定位追踪食物的能力，还可以锻炼宝宝手指捏物的精细动作。但要注意加工的包装食品大多配料复杂，选购时要确认配料中是否含有宝宝过敏的成分。

要不要加调味品来让宝宝更爱吃辅食

不建议给 1 岁以下的宝宝添加任何调味品，1 岁以上宝宝的食物也尽量越清淡越好。如果宝宝不爱吃辅食，应当先排查其口腔情况、身体健康情况、日常饮食、睡眠和运动的安排、食物种类和结构的搭配、家庭进餐氛围等是否存在问题，而不是只考虑加调味品。从日常生活经验来看，一旦给宝宝开始吃加了调味品的食物，他们的口味就会变重，再往清淡调整就不那么容易了。

专栏八　如何引导宝宝自主进食（进阶篇）

专栏九

宝宝进入"吃饭叛逆期"，
家长应该怎么办

钟乐

卓正医疗儿童保健、儿童发育行为专科医生
中南大学湘雅医学院博士
上海交通大学医学院博士后
美国耶鲁大学医学院访问学者

001 让人头痛的"吃饭叛逆期"

很多家长都知道，2 岁到 2 岁半是宝宝的第一个叛逆期，但是吃饭的"叛逆期"通常在这之前就会出现。大概在宝宝 1 岁左右的时候，很多家长会发现之前乖乖吃辅食的宝宝在"吃饭"这件事上变得越来越顽皮，如食物来了不张嘴、会把头扭开或用手挡开，有时候只吃几口就不吃了，很多东西不肯吃。越来越挑食，总是要求下餐椅、玩玩具等。

其实，这些都是这个年龄段宝宝进食的典型表现。宝宝进入"吃饭叛逆期"，家长也不用着急，完全可以心平气和地从容应对。

为什么会出现吃饭叛逆期呢？这可能和以下几方面原因有关：

生长减慢，食欲降低。宝宝刚出生的前两个月，平均下来一个月要长 1 千克左右，但是到了 1 岁，平均一个月只长 0.2 千克左右，生长速度放缓会导致宝宝对进食的兴趣降低。

味觉发育。1 ～ 5 岁的宝宝因为味觉的发育，口味也会逐渐产生偏好，不会再像之前一样几乎来者不拒。事实上，只要宝宝不是完全不吃某大类的食物，就不算明显的偏食，如有的宝宝不爱吃米饭，却爱吃面条，有的宝宝不爱吃肉，但爱吃鱼、蛋、鸡，还有的宝宝不爱吃绿叶蔬菜，却愿意吃绿色的西兰花等，这些情况都不算是明显偏食，家长也不用太担心。

自我意识的萌芽。叛逆期也是进步的表现，说明宝宝的自我意识越来越强，自然也会越来越不喜欢被动地接受食物。设想一下，家长作为一个独立自主、四肢健全的人，如果有人强行喂饭，也一定会像"叛逆期"的宝宝一样非常排斥："还没准备好就塞我满口食物；都咽下去好久了，她只顾着自己聊天，忘了喂我；我喜欢吃的，总不给我吃，不喜欢吃的一个劲儿地喂；食物蹭到嘴边了，居然还用勺子刮我的脸……"大学食堂里常见的男女朋友互喂绝对只是一时兴起，如果让他们每天每餐互喂，绝对会分手！

探索心爆棚。1岁多的宝宝对周围的世界充满了好奇，醒着的时候几乎一刻不停地在探索。要让这个"小小探索家"困在餐椅里半个小时，被动地接受食物，他才没有这个耐心，可能"说"不出"我要下来""我要玩玩具""我要你们逗我"这些语言，但他们会用自己的行动提出这些要求。

进食，请让宝宝自己做主

宝宝自我意识萌芽后，会越来越不喜欢被动地接受食物。这个时候如果家长选择放手，让宝宝做主自主进食，很可能他会吃得更好，家长和宝宝对于吃饭的压力也会更小。即使没有使用BLW（宝宝自主进食），家长也需要在宝宝8月龄左右，最晚9月龄前开始让他学习自主进食，可以把食物做成柔软的、方便抓取的性状，让宝宝能够用手或使用餐具来吃。

如果宝宝还没有开始自主进食，那从当下就开始便是最合适的。让宝宝忙于处理食物，他就不太会因为无聊而提出下餐椅、玩玩具等各种要求了。

如果让宝宝做主，他吃得太少怎么办呢？答案是，仍然让宝宝决定吃多少。宝宝不肯吃了，虽然不一定是吃饱了，但肯定是不饿了。1岁左右的宝宝进食的典型表现是：一天只吃一顿饱的，其他两顿就意思意思，甚至一口也不吃；有时一连几天都吃得很少，随后几天又吃得很多，以致家长都担心他会撑坏。如果家里的宝宝也是这样的，别担心，因为大多数这个年龄段的家长也都正面临着同样的困扰。

不少担心自己宝宝吃得太少的家长会带宝宝找营养专家评估进食量，结果评估一段时间后发现进食量是正常的。在宝宝生长情况正常的前提下，即使进食量起起伏伏，但通常平均的进食量都是正常的。

进餐时，宝宝和家长各有分工，宝宝应负责吃不吃、吃什么、吃多少。年幼的宝宝可能耐心不够，急切地想去玩耍，家长也就会常常抱怨，"刚开始的几口吃得还不错，有点食物垫底，不觉得饿了，就没耐心了，想下餐椅去玩耍"。这一顿宝宝可能确实没有吃饱，但也没有关系，因为2个多小时后还会有加餐，如牛奶、水果、健康的小食等，所以他并不会饿坏的。即使宝宝没有吃饱，家长也不要去迁就他，不要提前加餐，也不要额外给他增加爱吃的食物。例如，有的家长看到宝宝这餐吃得少，就额外给他多喝一些奶或吃一些蛋糕、巧克力等，想着能多吃一点算一点，但这样的话宝宝到下顿就又不饿了。如果宝宝已经不想吃了，家长却依然哄着他、逼着他，想让他多吃几口，长此以往，宝宝很可能就把进餐当成家长的事，而不是自己的事，态度上也表现得越来越不在乎。

不要害怕宝宝饿。尽管对于很多成年人来说，吃东西是一件很容易的事情，但对于很多宝宝来说，却是一件很有挑战的事情，他需要抑制住想玩耍的心思，需要努力地咀嚼食物，需要适应不同的口味和新食物等。一定的饥饿感会让宝宝更有动力去接受挑战。如果家长怕宝宝饿到而"剥夺"了他感受饿的机会，那宝宝就很可能没有耐心去接受进食挑战。

有时候宝宝一连几天都吃得很少，但通常在之后的几天会吃更多，这是因为宝宝的饥饿感和身体的需要能够自动调节他的进食量。如果家长强迫或逗哄宝宝让其多吃一点，他们反而可能因为厌恶压力和没有饥饿感而吃得越来越差。

也有一些家长担心宝宝会"积食"，在他们想要多吃的时候却控制其进食量，不敢让宝宝多吃，但这样的话，宝宝的进食量可能真的会不够。在西医领域，并没有"积食"这个概念，宝宝在食量大增一段时间后又出现食欲下降的问题，这并不是因为"积食"，而是正常的进食量波动。如果在此期间宝宝出现了感冒、发烧的症状，也不是因为吃得多"积食"了，而是因为感染病毒了。

002 对待"宝宝吃饭"这件事，请做"佛系"家长

有家长问，"让宝宝来决定吃多少，家长真的就什么都不管了吗？"并不是的，对于宝宝的进食，家长需要"真佛系"，也就是该管的管，不该管的要放手。如果该管的不管或不该管的不放手，就成了"假佛系"了。那家长到底该"管"些什么呢？

安排好"三餐两点"

宝宝需要少食多餐，但又不能频繁进食，通常是每天3顿正餐，2～3次加餐，加餐可以是牛奶、水果、面点、鸡蛋等。正餐和加餐之间至少

要间隔2小时，如果进食太过频繁，摄入量反而会减少，因为当宝宝没有足够的饥饿感时，挑战进食的动力和耐心都是有限的。因此，不要让宝宝喝完牛奶以后休息半小时再吃早餐，也不要吃完饭后休息半小时再吃水果，要不就一顿吃，要不就间隔2小时以上，让宝宝每顿都吃饱、吃好。

但是，家长并不需要因为宝宝正餐吃得少就取消加餐，因为在时间间隔适宜的前提下加餐，宝宝的正餐确实可能吃得少一些，但少食多餐，总的摄入量是会增加的。

对于摄入量偏少或体重增长不好的宝宝，加餐可以更丰盛一些，可以包含主食、果蔬和蛋白质三大类食物，如红薯＋牛奶＋苹果等。

安排家庭餐

家庭餐，顾名思义就是宝宝和大人一起吃饭，建议宝宝每天至少有一顿饭和至少一位家长一起吃。如果爸爸妈妈回来得太晚怎么办？没关系，中午可以和爷爷奶奶一起吃。

不少人都会认为，"别人的东西总是显得特别好吃"，很多家长也会发现宝宝并不爱吃专门给他做的食物，但对大人的食物却总是垂涎欲滴。事实上，大人欢快地吃饭也会对宝宝产生积极的影响，只要家长把注意力放在自己的食物上，而不是紧盯着宝宝，那吃饭的气氛也会变得更加融洽。

每次用餐时间不超过30分钟

有的宝宝吃饭很慢，或者边吃边玩，有时一顿饭甚至要吃1小时以上。这样吃饭往往会让家长和宝宝都感到很疲惫，同时也容易影响到下一餐的食欲，因此，建议调整每次的用餐时间，以不超过30分钟为宜。

准备多样化的食物

家长关注的重点应该放在让宝宝的食物多样化上，而不是宝宝每次吃多少。如果宝宝接受的食物种类多，这种吃几口，那种吃几口，总量也就不会少。

在食物的提供方面，只需要保障每次用餐至少有一种食物是宝宝愿意吃的就行了，其他的则由家长说了算，不需要完全迁就宝宝的口味。对于宝宝不爱吃的食物，不用勉强他吃，但也不代表要放弃，还是要时不时地做给他吃。要相信，食物真的可以"日久生情"，例如，一个人刚去到一个陌生的国家时，可能觉得那里的食物太难吃了，但是吃上一年半载的，很可能也就吃得下了，甚至还会喜欢上它。

有的家长会选择直接过滤掉宝宝不喜欢吃的食物，只做他喜欢吃的那几种。事实上，宝宝对于食物的喜好也是会不断变化的，喜欢的食物也可能会吃腻，但由于没有供给来源，宝宝也没有机会对于原来不喜欢吃的食物重新产生兴趣，这样一来，宝宝的食谱就会越来越窄。

准备多样化的食物其实并不麻烦，一个省事的好办法就是利用大人的食材，大人吃什么，宝宝也吃什么，可以是分开烹饪，也可以在加盐之前先盛出来部分给宝宝吃。

有时候家长会忘了自己的权力——"决定吃什么"，而让权给了宝宝。例如，宝宝这顿几乎没吃什么东西，家长担心宝宝会饿，就做个他爱吃的蛋炒饭给他吃，这样就不利于食物多样化。

把食物做成适合的性状

宝宝 8 月龄左右就应该吃成形的手指食物，但是有的宝宝都已经 1 岁了，家长还是会用料理机把菜都打碎或把菜和米炖成软软的粥给宝宝吃，但这样的食物往往和当前宝宝的咀嚼能力并不匹配，长此以往，既不利于宝宝咀嚼能力的发展，也不利于宝宝对食物产生兴趣。很多时候，对于吃糊状食物兴趣缺乏的宝宝，家长若尝试提供大人的饭菜，他们反而更乐意吃。

∽∽ 003 培养宝宝健康饮食，家长不该做什么

说到家长不该做的事，排第一位的就是施加压力和"贿赂"宝宝吃饭。健康的食物端上桌，宝宝一口也不肯吃，而看到"美味"的垃圾食品，宝宝却趋之若鹜。担心宝宝营养不均衡的家长，常会使出下面这些"绝招"：

（1）施加压力——"吃了西兰花才能够离开餐桌"。

（2）给奖励——"把这些胡萝卜都吃完，你就可以吃一块巧克力"。

殊不知，早已有研究表明，使用这些方法虽然当时让宝宝服从了，却有可能会让他们对那些健康食物更加厌恶，以后吃得更少。

"施压大法"会有什么后果呢？有一项研究调查了 140 名大学生，他们都表示在童年时期曾经被父母或老师等强迫吃过不愿意吃的食物，回顾起当时的无助和被控制，72% 的人表示自己现在是不愿意吃当初被强迫吃的那种食物的。

施加压力会让宝宝厌恶，这个好理解，但为什么奖励宝宝吃食物，也会让宝宝降低对该食物的喜爱程度呢？这是因为，奖励这种外部给的动力削弱了宝宝内心本身的动力，他们不认为是自己乐意吃这种食物，

只是为了得到奖赏才吃的，因此内心对它的评价便降低了，觉得自己没有那么喜欢这种食物。那么家长怎样做才合适呢？研究者建议，家长可以对宝宝说"吃完饭再吃甜点"这样陈述性的话，但不要说"只要吃完饭，你就可以吃甜点了"这种包含因果关系的话。之所以这样建议，是因为"先吃饭再吃甜点"可以是家里的规矩，而"吃完饭就可以得到甜点奖励"就是一个可能削弱宝宝吃饭兴趣的管教方法了。如果有兴趣，家长可以看一下下面这个有趣的试验。

　　研究者找了 86 个孩子，第一步是给孩子们 8 种零食，让他们品尝后做评价，按好吃的程度排名，选择排名第 4 和第 5 的 A、B 两种零食进行下一步。一周后把这些孩子们分为三组，对第一组孩子说："你想不想吃 B 零食呀？想吃的话，先吃点 A 零食就可以吃 B 零食了，看你能不能赢得吃 B 零食的机会！"孩子吃了 A 零食后，研究者对孩子说："因为你吃了 A 零食，现在你赢得了吃 B 零食的机会！"对第二组孩子则是规定他们先吃 A 零食，再吃 B 零食；第三组孩子则让他们自己选择先吃 A 零食还是 B 零食。三组孩子都吃完后让他给 8 种零食重新排名。结果发现，第一组孩子给 A 零食的排名比第一次时明显靠后了，第二组和第三组给 A 零食的排名几乎没有变化。

当宝宝不好喂的时候，有些家长会使用"分心大法"，即让他边看电视或玩玩具边吃饭，这也是非常不建议的方法。这样做时宝宝可能会机械地张口、咀嚼，家长也会喂得更顺利，但实际却会影响宝宝的胃口。研究表明，人在吃到食物之前，身体里的饥饿素（Ghrelin）水平会增高，饥饿素的基本功能就是促进食欲，大脑对食物的兴趣对刺激饥饿素分泌也起了一定的作用。很多人可能有过这样的经历，肚子不饿的时候看到了一桌喜欢的菜，顿时就觉得饿了想吃。同样，如果宝宝在进食的时候分心，注意力不能集中在食物上，势必会影响饥饿素的分泌，从而降低食欲。

"分心大法"往往也不会一直管用，家长不难发现，有的宝宝会把饭菜含在嘴里，防止家长再喂一口，有的宝宝则吃得特别慢，以为自己多争取一些看电视的时间。

如果宝宝吃饭确实是在这样的"威逼利诱"下艰难进行的，那是不是采用了上面的建议就会马上好转呢？很遗憾，并不会，通常会需要2～4周甚至更长的时间才会有好转。撤去了"威逼利诱"的前1～2周，宝宝可能会吃得更少，因为他已经习惯了自己吃饭是大人的事，会认为"你们应该想办法让我吃，你们不想办法了，我就不吃了"。但是对于正常的宝宝，饥饿是生理现象，进食是本能反应，因此通常2周后，他们的进食量就会增加。

但是，这些建议仅适用于正常的宝宝，如果宝宝的进食问题影响了生长或存在进食技能障碍等，就需要医生的专业评估和干预了。

004 宝宝挑食怎么办

挑食是非常常见的情况，20%～50%的幼儿被家长认为是挑食。这与婴儿期快速增长后，幼儿期生长速度减慢食欲往往也会随之下降这一生理性变化有关。同时，幼儿也会逐渐产生对于食物的偏好，但这往往是一个变化无常的过程：非常喜欢的食物可能某一天就会被嫌弃地丢在地上，之前嫌弃的食物突然怎么吃也吃不够，有时一连 2 ~ 3 周只吃 1 ~ 2 种最喜欢的食物，其他什么都不吃，等等。

遇到这种情况，家长也不要沮丧，因为随着时间的推移，宝宝的食欲和饮食行为都将会慢慢改善，而当下要做的是给宝宝提供健康的食物，坚持好的进食规则。其实有很多方法可以帮助挑食的宝宝，美国 Kay Toomey 博士创建的 SOS（Sequential-Oral-Sensory，顺序一口部一感觉）喂养法里就有一些独特的技巧可以帮助家长增加宝宝接纳的食物种类。

宝宝对于食物的接纳程度是不是只有吃和不吃两种呢？并不是的，宝宝吃东西并不是非黑即白的，而是有程度之分的，如果把咀嚼和吞咽当成 100% 接纳的话，那宝宝愿意尝一尝，吃到嘴里又吐出来算是 90% 接纳，宝宝虽然不尝，但是愿意用嘴唇碰碰食物算是 80% 接纳，宝宝接受这个食物出现在自己面前，闻到食物的气味也不排斥，也能算 40% 接纳。

因此，家长可以循序渐进，帮助宝宝接纳食物，下面介绍一些 SOS 喂养法里的建议。

允许宝宝吐出来

宝宝愿意尝一尝，吃到嘴里就算是对食物有了 90% 的接纳，所以别怕宝宝吐出来。如果宝宝知道自己可以有"吐出来"这种选择，他反而会更加愿意去做一些新的尝试。

Toomey 博士讲了自己的孙子的故事。她的孙子平时也非常挑食，但是到了奶奶家，奶奶会对他说"你不喜欢吃的食物可以吐出来"，孙子反而愿意什么都尝一下。有一次，Toomey 博士做了牛油果糊，一种味道和口感都很奇特的食物，她孙子说想尝一尝，结果一吃进去马上就吐出来了，小家伙说："我还没有准备好吃这个，下次我再试试，但是今天就算了。"

小窍门 1：用餐时，给宝宝准备一个碟子专门盛放宝宝吐出来的食物；宝宝把食物吐出来时，保持镇静，可以说："原来你还没有准备好吃这个，没关系，你不想吃可以吐出来。"

不勉强、不放弃

不勉强宝宝吃，但也不要放弃尝试。有一些宝宝对于新的食物非常谨慎，可能要尝试 10～15 次才能完全接受。如果家长允许宝宝吐出来，他们会更乐意尝试。Toomey 博士的孙子说的"我还没有准备好吃这个，下次我再试试"就是很好的例子。

在足够的尝试之前，不要下结论认为宝宝不喜欢这种食物，可以说"你还没有准备好吃×××"或"你不想吃×××"。

小窍门 2：至少给宝宝 10～15 次机会尝试新食物。宝宝暂时不接受的，可以间隔 1～2 周尝试一次。只要宝宝不反感、家长不怕浪费，那间隔时间更短也是可以的。

用餐时准备一个"学习盘"

既然宝宝允许食物出现在自己面前也算一定程度的接纳。那家长可以专门准备一个"学习盘"放在餐桌上宝宝能够得着的地方，用来放那些宝宝还没有准备好吃下去的食物。

当家长对宝宝说"尝尝这个"而宝宝拒绝时，可以说"既然你还没有准备好吃它，没关系，就让它待在'学习盘'里吧"。

把食物放在宝宝的旁边，有利于宝宝熟悉和接纳它，也能增加宝宝尝试的机会。

小窍门3：准备一个"学习盘"放在宝宝旁边，放目前不打算吃的食物。

把新食物和宝宝喜爱的食物关联起来

如果宝宝喜欢吃豌豆，那第一次吃西兰花的时候可以说："西兰花和豆豆有一样的颜色，都是绿绿的，她是豆豆的大姐姐。"

小窍门4：正面地描述新食物，把它和宝宝熟悉的食物关联起来。

用游戏和幽默帮助宝宝接纳食物

宝宝们都喜欢游戏和幽默，跟宝宝玩一些和食物相关的游戏，宝宝会更容易吃下去。例如，在吃饼的时候，可以鼓励宝宝把饼吃成小山、小船或月亮的形状；或者假装食物是一只恐龙，让宝宝咬掉恐龙的脑袋、尾巴等等。家长们发挥自己的想象力和创造力吧，让吃饭成为一件好玩的事。

小窍门5：运用和食物相关的游戏和幽默。

利用"打扫"环节

科学的喂养强调由宝宝决定吃多少，当宝宝不愿意吃的时候，餐盘里常常还有剩下的食物，"学习盘"里的食物可能碰都没有碰过。

SOS喂养法建议用餐结束前一定要有"打扫"环节。在这个环节中，每种食物里面都要选取一样由宝宝丢到垃圾桶里去，然后再把餐盘送到厨房。

宝宝可以用嘴唇含住或用牙齿咬住食物，然后家长说"火箭发射"，宝宝就把食物"喷"到垃圾桶或一个专门的容器中。也可以让宝宝和食物"吻别"，亲一下食物，然后把它丢掉。如果宝宝不接受，也可以用手丢，甚至由家长把住宝宝的手一起去丢。这些方式都是可以选择的，当然，能让宝宝和食物越"密切"越好。

在使用 SOS 喂养法的过程中，很多宝宝第一次尝试新食物就是在"打扫"环节。这个环节增加了宝宝多吃一点的可能性，即使不吃，他对于食物的接纳程度也可能增加了，毕竟"愿意用嘴唇碰碰食物"已经算是 80% 接纳了。

小窍门 6：利用"打扫"环节，在用餐结束之前，让宝宝还有机会和食物"亲密接触"。

如果家长觉得宝宝挑食，但是宝宝在碳水化合物、蛋白质食物、蔬菜、水果、奶制品这五大类食物里，每类中都有几样愿意吃，并且身高、体重的增长曲线是正常的，那可以试试上面的方法，增加宝宝接纳的食物种类。

但是如果宝宝接受的食物种类太少，生长情况不太乐观，则建议家长带宝宝到营养科门诊进行专业评估和指导。

005 宝宝总把食物塞满嘴作呕怎么办

遇到这种情况，家长一定不要用手去掏，要允许宝宝吐出来，再教宝宝咬合适大小的食物。

（1）不要用手去掏：家长用手去掏会让宝宝觉得不舒服，可能会厌恶进食，而且还可能让食物进得更深，反而出现危险。

（2）让宝宝吐出来：如果宝宝已经塞了满嘴的食物在作呕，家长可以对宝宝说："这些太多了，你可以吐出来一些，然后嚼剩下的。"同时拿一个碟子放到宝宝嘴边，示意其吐出来。

（3）教宝宝咬合适大小的食物：家长可以夸张地示范咬一口合适大小的食物，然后咀嚼、吞咽，最后做出愉快的表情。之后再演示一口吃很多，再摇摇头，吐出来一些，说："太多了，吃不下。"

（4）限制吃太快：等宝宝吃完嘴里的食物再给下一份，宝宝没有完全咽下食物时，家长可以用手阻止宝宝不断把食物放入口中。

ᜒ 006 宝宝吃肉只嚼不吞怎么办

有些妈妈发现自己1岁多的宝宝吃肉时只咀嚼，然后就吐出来了，不吞下去，她们很疑惑，这是什么原因呢？要回答这个问题，首先要知道进食是怎样一个过程。

家长们是不是认为进食只有"把食物放到嘴里、咀嚼、咽下"这三步呢？

现在请拿出一个食物，咬一口、咀嚼、咽下，然后回答下面这些问题：

（1）把食物放到嘴里的时候，它在什么位置？

（2）之后食物移动到了哪里？

（3）食物是怎么过去的？

（4）食物在哪里被咀嚼？

（5）食物为什么能够固定在那里被咀嚼？

（6）食物是在哪里被吞咽下去的？

如果无法回答上面的问题，那就拿出食物再吃一口仔细体会一下。事实上，食物被咬下来后先是被放在舌尖的位置，之后舌头把食物送到磨牙处被咀嚼。

食物之所以能够被固定在这里，是因为舌头会控制住食物不让它到中间去，同时用面颊的力量不让食物跑到牙齿的外侧。也许还会用舌头把部分食物挪到另一侧磨牙之间，也就是"左边嚼一嚼，右边嚼一嚼"。

当食物被咀嚼得足够细腻了，就会被集中到口腔的中间后部，形成一个食团，然后"咕嘟"一下被吞下去。

那食物是怎样被咀嚼的呢？是不是只靠简单的牙齿上下咬合？并不是的，它其实是被下颌旋转着碾磨的。如果只有简单的上下咬合，那食物是不容易被咀嚼得很细腻的。

同时，如果咀嚼次数太少，大多数情况下也是不容易被吞下去的，因为它还太粗糙了。

再回到宝宝吃肉只咀嚼不吞咽的问题上，这通常是因为宝宝的咀嚼能力还不够，没能把肉咀嚼成肉糜，以致吞不下去。家长可以通过观察宝宝的咀嚼情况来分析原因。

（1）如果宝宝的舌头没有把肉送到磨牙处，那就只是在用上颚和舌头挤压肉，这样肉是没有办法变成食团的。这样的宝宝可能在咀嚼时嘴唇会向前突，食物也容易从嘴里掉出来。在宝宝咀嚼5下后让他张开嘴，家长可以看到食物还在口腔中间，没有到侧方去。

（2）如果宝宝的下颌没有旋转着咀嚼，只是上下活动，那肉的纤维是没有办法被切断的。这种情况可以通过观察宝宝的下颌活动来判断。

要解决这个问题，一方面，肉类可以做得更细腻一些，如多剁几下，重点切断纤维，做成肉丸或午餐肉等，这样会更容易嚼烂。另一方面，家长可以通过示范、游戏、改变进食过程等来锻炼宝宝的咀嚼能力。

（1）如果宝宝还不会用舌头把肉送到磨牙处，可以用一根筷子戳起个小肉丸，然后让宝宝安全地送到嘴里，这个时候，宝宝通常会直接把肉丸送到磨牙处。

（2）家长示范舌头的推送动作。例如，拿一个溶豆对宝宝说："看！我要用我的舌头把豆豆送到大牙那里去。"然后，把溶豆放到舌尖，张着嘴让宝宝看着家长慢慢地用舌尖把溶豆放到磨牙处。

（3）和宝宝一起吃饭时，家长夸张地示范咀嚼，同时搭配"我像狮子一样吃肉""看我把肉丸放在我的大牙上，咬一咬""我们嚼，10，9，8，7，……0，嚼软了，然后吞下去""这一块太大了，吞不下去，再嚼10次"等语言描述。

请注意，进行上述这些活动时，家长一定要在一旁看护宝宝，以保证安全。

如果对宝宝的进食仍有担心，则建议家长到营养科门诊请专业医生进行评估和指导。

专栏十

宝宝“缺钙”那些事儿

贺贝贝

卓正医疗儿科、儿童保健医生

重庆医科大学学士

◌◌◌ 001 缺钙的常见误区和真正表现

在生活中和门诊上，医生经常会遇到家长提出一些关于宝宝是否缺钙的问题，如"宝宝有枕秃是不是缺钙了""宝宝头发少又黄是不是缺钙了""宝宝肋骨外翻是不是缺钙了""宝宝出牙晚、磨牙是不是缺钙了""宝宝有点儿O形腿是不是缺钙了""宝宝出汗多是不是缺钙了""宝宝睡眠不安稳，有夜惊、夜醒是不是缺钙了"等，由此可见，"缺钙"已经成了家长们的一块儿"心病"。

事实上，上述这些情况绝大部分是属于生理性的表现，"缺钙"也着实背了不少的锅。

从发色、发量来看，宝宝有生理性脱发，有的宝宝发量要到2岁左右才达到正常水平，在这之前头发稀疏是正常的，而宝宝的发色天生会比长大以后的发色浅一些，这也是民间将小女孩称为"黄毛丫头"的原因。既然头发和钙没有关系，那骨骼呢？其实，宝宝的肋骨外翻也是生理性的，是由于膈肌牵拉而导致的，当宝宝胸腹部的肌肉逐渐发达以后，肋骨外翻也会逐渐减轻。婴儿时期的宝宝小腿内弯大多也是暂时性的，他们在2岁之内还会有生理性的O型腿，当宝宝开始学走路的时候，这种情况会尤为明显。那宝宝出牙晚和缺钙有关系吗？佝偻病确实可能导致出牙晚，但是在正常时间范围内出牙早晚的个体差异和缺钙没有关系。宝宝通常会在4 ~ 10月龄开始出牙，超过这个正常范围6个月才算出牙晚，中国的宝宝超过15月龄还没有出牙则需要到牙科就诊。

另外，宝宝出汗多和夜醒也多半与缺钙没有关系。宝宝在进食或活动之后出汗属于生理性的出汗，宝宝入睡后 1 ~ 2 小时内还会由于交感神经兴奋而出汗，所以家长经常会发现宝宝刚睡着就冒出了一头的汗。反复夜醒则与宝宝的睡眠能力关系更为密切，反复夜醒的宝宝大多不能自己入睡，需要抱哄或奶睡，所以宝宝在睡眠周期交替、半梦半醒的时候会需要家长再次安抚来接觉。

那么，什么才是缺钙的真正表现呢？民间所说的"缺钙"往往是指"营养性佝偻病"。佝偻病确实可能会导致骨骼的畸形，但在一般情况下，宝宝如果常规每天补充了 400IU 的维生素 D，是不会出现营养性佝偻病的骨骼畸形的。如果出现了，那就不是缺钙和缺维生素 D 这么简单了，需要排查一些并不常见的隐性疾病。

∽ 002 宝宝需要多少钙

要知道宝宝是不是缺钙，首先要知道在正常情况下，宝宝每天需要摄入的钙量是多少。中国营养学会的推荐是：0 ~ 6 月龄的宝宝每天需要摄入 200 毫克的钙，7 ~ 12 月龄的宝宝每天需要摄入 250 毫克的钙，1 ~ 3 岁的宝宝每天需要摄入 600 毫克的钙，4 ~ 10 岁的儿童每天需要摄入 800 毫克的钙，11 岁以上儿童每天需要摄入 1000 毫克的钙。由此可见，1 岁以内的宝宝对钙的需求是比较少的，而 1 岁过后，宝宝对钙的需求会逐渐增加，到青春期时会达到最高。

钙最主要的来源是奶。通常，每 100 毫升纯牛奶或鲜牛奶的含钙量为 100 ~ 120 毫克，婴儿配方奶粉稍低一些，大约是 80 毫克。虽然每 100 毫升母乳中钙的含量只有 25 ～ 35 毫克，但吸收率却是配方奶粉的 2 倍。研究发现，母乳喂养的宝宝骨质的增加和状态与配方奶粉喂养的宝宝相似，甚至在 8 岁的时候，既往母乳喂养儿童的骨量明显更多。

如果奶量摄入足够，那钙的摄入通常也是足够的。一般情况下，宝宝出生数日后奶量会逐渐增多，到第一个周末左右达到每天 150mL/kg，这个量大概会持续到第 3 个月。3 ～ 6 月龄的宝宝奶量大约为每天 120mL/kg。当奶量达到每日 800 ～ 1000mL/kg 时达到顶峰，这个数值通常不应超过 1000mL/kg。这个量会一直维持到添加辅食的时期（通常为 6 月龄左右），然后又下降到每天 600 ～ 800mL/kg 并持续到 1 岁左右。如果母乳喂养的宝宝生长良好，那并不需要评估宝宝的具体奶量。1 岁以后的宝宝，每日奶量为 1 ～ 3 岁时 500 毫升，4 ～ 5 岁时为 350 ～ 500 毫升，学龄儿童为 300 毫升，或者摄入相当量的奶制品。

在我国，缺钙的宝宝到底多不多呢？确实多，但主要群体不是婴儿，而是更大一些的宝宝。调查显示，我国 2 岁以上的儿童只有 10% 左右达到了推荐钙摄入量，每天为 600 ～ 800 毫克，平均钙摄入量不到每日 300 毫克。要改变缺钙的现状，不是要全民吃钙片，而是要"终生不断奶"。牛奶不但含钙量高，而且其中的蛋白质和乳糖也能促进钙的吸收。受中国饮食习惯的影响，除了婴幼儿期，其余各阶段人群往往奶类摄入量不够，而仅靠其他的膳食很难满足对钙的需要。保证奶量的摄入是性价比非常高的补钙方式。但是如果宝宝不爱喝奶或对牛奶蛋白过敏那该怎么办呢？后面的章节会详细解答这个问题。

003 不爱喝奶或对牛奶蛋白过敏的宝宝如何补钙

前面介绍了各个年龄段宝宝的推荐奶量，但如果宝宝不爱喝奶怎么办呢？别着急，家长可以通过以下几种方法来增加宝宝的奶量摄入。

首先，可以尝试改变奶的味道。如果宝宝不爱喝奶，可以尝试把奶添加到辅食里，如可以做饼、披萨、意大利面、牛奶鸡蛋布丁等，这些食物容易掩盖住奶的味道，宝宝会更容易接受。如果宝宝爱吃水果，家长便可以把水果加到奶中，用料理机搅拌后做成水果奶昔给宝宝试试。

其次，可以加入酸奶。宝宝 6 月龄以后就可以喝酸奶了。1 岁以上的宝宝如果完全不喝牛奶，那只喝酸奶也无妨，也并没有一个最高量的限制，因为酸奶比牛奶更稠，100 克酸奶相当于 140 毫升牛奶。尽量挑选没有添加糖或添加成分少的酸奶。如表 10-1 所示，选取市面上 3 种酸奶的配料为例，A 酸奶最健康，配料只有牛奶和益生菌，B 酸奶添加了白砂糖，C 酸奶除了白砂糖，还有炼乳、明胶等添加成分。

表 10-1　酸奶配料对比

酸奶	配料
A	生牛乳，保加利亚乳杆菌，嗜热链球菌
B	生牛乳，白砂糖，保加利亚乳杆菌，嗜热链球菌
C	生牛乳、白砂糖、炼乳、无水奶油、浓缩牛奶蛋白粉、食品添加剂（明胶、双乙酰酒石酸单双甘油酯、果胶、安赛蜜、乳酸链球菌素）、食用香精、保加利亚乳杆菌，嗜热链球菌

再次，尝试加入奶酪。市面上的奶酪种类众多，可以查看配料表和营养成分表，选择配料表简单的低钠高钙的奶酪，通常大孔奶酪属于这种。家长可以把大孔奶酪切分或用料理棒打碎后添加到食物中一起烹

饪。50 克奶酪相当于 250 毫升的牛奶。

可能不少家长还会有一个疑问，"如果宝宝不爱喝奶，可以喝骨头汤补钙吗？"很遗憾，不可以。因为在骨头汤、鱼汤这些"被误认为的补钙食物"里，钙的含量是微乎其微的，100 毫升的骨头汤大约只含有 2 毫克的钙，远远不如牛奶。

最后，使用其他种类食物替代。除了奶和奶制品，钙盐加工的豆腐、豆干（用石膏点卤制作的豆制品）及西兰花、卷心菜、大白菜等低草酸蔬菜也含有较丰富的钙质，可以均衡摄入。此外，强化钙的果汁或豆奶等饮品也可作为年龄稍大的儿童奶摄入的部分替代，普通未强化钙的饮品则不推荐。

青少年儿童或成年人如果存在乳糖不耐受的情况，如在进食较多牛奶或奶制品后出现腹胀、腹泻，大便呈水样或泡沫样改变，那可以尝试调整为少量多次喝奶，也可选择舒化奶或酸奶。舒化奶是普通奶经乳糖酶预处理过的奶，而酸奶中的乳糖成分变成了乳酸，这些都可以很好地解决乳糖不耐受的问题。不过乳糖不耐受多见于青少年儿童或成年人，中国目前还没有报告原发性乳糖不耐受的病例，所以，低年龄段宝宝腹泻后的继发性乳糖不耐受，通常都只是暂时性的。

如果宝宝对牛奶蛋白过敏，那么首选深度水解配方奶粉或氨基酸配方奶粉喂养。羊奶和牛奶之间存在较高概率的交叉过敏，所以不推荐牛奶过敏的宝宝选择羊奶作为替代。但深度水解配方奶粉或氨基酸配方奶粉口味并不好，有些宝宝可能会排斥，在这种情况下，家长可以尝试使用水解奶粉调味包商品帮助宝宝适应水解奶粉的味道，之后再逐渐减少添加量直到宝宝完全适应水解奶粉原本的味道。

如果宝宝奶量摄入达不到推荐值，家长也可以考虑选择另外补充钙剂以达到标准的钙摄入量。目前市面上钙剂品种繁多，补钙应选择含钙量多、胃肠易吸收、安全性高、口感好、服用方便的钙剂。通常用的钙剂有碳酸钙（含钙量40%）、醋酸钙（含钙量25%）、乳酸钙（含钙量13%）及葡萄糖酸钙（含钙量9%），其中性价比较高的是碳酸钙。过量补充钙剂对身体没有好处，但是食物来源的钙是不会造成钙过量的，因此在"补钙"这件事儿上，"药补不如食补"。

∽ 004 钙的最佳伴侣——维生素 D

钙的摄入足够了，接下来家长就需要了解如何促进钙的吸收。大家可能都知道，补充维生素 D 可以促进钙的吸收。在正常情况下，1 岁以下的宝宝每天需要 400IU 的维生素 D，1 岁以上的宝宝和成年人每天需要 600IU 的维生素 D。早产儿由于储备不足和出生后追赶生长，推荐出生后 3 个月内每天补充 800 ~ 1000IU 的维生素 D，3 个月后则按照普通推荐量 400IU 继续补充。所有纯母乳喂养的宝宝出生数天后便需要开始补充维生素 D，配方奶粉喂养的宝宝补充量可以扣除配方奶粉中维生素 D 的含量。每个品牌的配方奶粉维生素 D 含量不同，但通常每 100 毫升含有 40IU 左右的维生素 D。健康的宝宝只要每天补充 400IU 的维生素 D，便不存在患营养性佝偻病的风险，对"维生素 D 吸收不好"的担心没有科学依据。

除了制剂，我们还可以从哪儿获得维生素 D 呢？首先可以由皮肤暴露于阳光中的紫外线来合成。据估计，平时手臂和面部接受短暂的日照便相当于摄入 200IU 的维生素 D，但是皮肤的合成会因纬度、天气、皮肤暴露的面积、肤色、有无使用防晒霜等多重因素的影响而变化。另外，膳食也能提供维生素 D，三文鱼、银鳕鱼、蛋类、动物肝脏等食物都含维生素 D，但含量极少，通常从食物中获得的维生素 D 不到人体需要量的 10%。一般医生会建议 2 岁以内的宝宝常规补充维生素 D 制剂来预防佝偻病，之后，可以根据接受日照的情况来判断是否需要补充。

缺维生素 D 的宝宝多吗？在我们国家，还真不少。一项研究发现，有 12% 的 1 岁以内的宝宝、2% 的 1 ~ 2 岁的宝宝、37% 的 2 ~ 6 岁的宝宝存在维生素 D 缺乏的情况。北方地区维生素 D 缺乏的情况比中部地区严重，南方地区情况稍好一些。2 岁以上的宝宝维生素 D 缺乏比例高可能和没有常规补充维生素 D 而光照时间又不够有关。

目前，市面上含有维生素 D 的补充剂种类很多，如单纯的维生素 D 制剂、维生素 AD 制剂、多种维生素制剂、鱼肝油、鱼油等，那该如何选择呢？人工合成的维生素 D 制剂纯度高、不易过敏、重金属污染风险小，是补充维生素 D 的首选。在日常推荐中，单纯的维生素 D 和维生素 AD 制剂最常使用。至于多种维生素制剂，除了维生素 D，其他的营养素均可以从膳食中稳定地获得，所以不推荐长期使用。鱼肝油和维生素 AD 制剂的主要成分一致，但所含维生素 A 与维生素 D 的比例不同，鱼肝油主要包含的是 DHA 和 EPA 等长链多不饱和脂肪酸，通常维生素 D 含量低，若按说明书的剂量吃，不一定能够达到推荐摄入量。

对于纯母乳喂养的宝宝，如果妈妈的维生素 A 摄入充足，宝宝则无须额外补充维生素 A，配方奶粉喂养的宝宝一般可以从配方奶粉中获得足够的维生素 A。添加辅食后，动物肝脏、蛋黄及橙黄色的食物（如红薯、南瓜、胡萝卜、芒果、哈密瓜）等都是宝宝维生素 A 的膳食来源，所以，膳食均衡的宝宝不需要额外补充维生素 A，只需要补充单独的维生素 D 即可。但是对于营养不良或偏食、挑食等维生素 A 缺乏的高危人群，则需要考虑在膳食摄入的基础上按照推荐摄入量补充维生素 A，并注意不要超过可耐受最高摄入量。

⁓ 005 微量元素血钙降低、B 超骨密度降低，宝宝是缺钙了吗

一些宝宝体检时查微量元素，发现钙水平偏低，或者做 B 超检查发现骨密度偏低，这是不是缺钙呢？其实并不是。人体中绝大部分的钙是储备在骨骼中的，采血检查钙含量并不能反映身体的钙营养情况。血里面的钙水平通常是稳定的，除非出现严重的缺钙或内分泌的问题，低血钙可能会导致手脚抽筋、癫痫、低血压、精神症状异常等。如果检查结果显示血钙低，但宝宝没有任何外在表现，或者一个检验机构查出很多宝宝血钙低，那可能是因为采样或检验误差造成的。例如，采手指血的时候，血流出不畅，导致把组织液也挤压进了样本当中。

那骨密度呢？事实上，定量超声并不能准确评价儿童的骨密度情况。儿童处于快速生长阶段，骨量未像成年人一样达到峰值，骨骼拉伸和钙质沉积都处于不断变化的动态过程中，目前尚缺乏儿童的参考数据。美国儿科学会也建议正常的儿童不需要查骨密度。

那到底需要做什么检查来判断宝宝有没有缺钙呢？其实最重要的并不是检查，而是先由医生来评估宝宝的膳食情况，判断钙和维生素 D 摄入是否足够，然后根据宝宝的表现和身体检查判断是不是需要做进一步的检查。如有必要，医生可能会通过检查宝宝的 25 羟维生素 D 的水平

有没有降低和碱性磷酸酶的水平有没有增高来判断钙营养情况，而摄入量正常的宝宝一般是没有必要做这些检查的。有这样一个例子，一个婴儿因为碱性磷酸酶的检查结果为"增高"而被诊断为"佝偻病"，但其报告单用的是成年人的碱性磷酸酶正常值范围，而婴儿的正常值接近成年人参考上限的 3 倍，也就是说，这个宝宝的碱性磷酸酶按年龄参考值是正常的。

最后，总结一下：奶量充足、定期补充维生素 D 的健康宝宝不会缺钙；不推荐常规性的儿童微量元素和骨密度等检查；膳食均衡的健康宝宝除了维生素 D 不需补充其他的营养素；补钙的最好来源是奶和奶制品；在维生素 D 制剂的选择上，首先要选取质量可靠且宝宝不过敏的产品，同时还要注意规范使用和保存。

专栏十一

儿童语言发育的秘密

高峥

卓正医疗儿科、儿童保健、儿童发育行为专科、
儿童语言专科咨询医生

上海交通大学医学院博士

英国皇家儿科医师协会成员（MRCPCH）

001 宝宝是如何学会母语的

相信每位家长都会兴奋地期待或清晰地记得宝宝第一次开口叫"妈妈""爸爸"时的喜悦心情。随着宝宝呱呱坠地到逐渐学会用语言沟通，他们的世界也变得更加丰富多彩起来。当宝宝能准确地用语言表达吃饭、喝水等需求时，他们就不再需要用哭声来引起家长的注意了，同时也会慢慢开始通过语言的形式来增长知识、学习技能。

很多人认为这是一个瓜熟蒂落、水到渠成的过程，不需要家长操心，然而事实却并非总是如此，有一小部分宝宝在习得语言技能方面是需要一些特别的帮助和支持的。即使正常发育的宝宝，如果家长采用科学的方法与之互动，会帮助宝宝更好地掌握母语，并在 0 ~ 3 岁更好地激发宝宝的社交沟通潜能。

在过去几十年里，很多科学家在不懈地研究婴儿是如何学会自己的母语的，为什么在母语环境中，他们能仅用一年左右的时间就神奇地学会"开口说话"。其中一些研究着重跟踪了 6 月龄左右的宝宝，科学家通过研究他们的眼神和反应变化发现，宝宝到 6 个月就已经可以准确地区分母语与非母语了，但通常要到接近 1 岁时才会有真正的语言输出。由此可见，宝宝"开口说话"并不是一夜之间突然学会的，而是一个"厚积而薄发"的过程，而从稳定的母语输入到成功复制输出（开口说话）可能需要 6 个月左右的时间。

说到这里，就涉及几个重要的概念——语前技能、语言理解和语言表达。

即使宝宝还没有开口说话，专业的言语治疗师也依然可以通过其在玩耍和互动中的表现来评估他们互动的意愿强弱及认知发育的情况。而所谓语前技能就是指宝宝通过眼神交流或使用动作来表达需求，如挥手再见、飞吻、张开双手要妈妈抱等。

如果说真正的语言表达是结出"果实"的话，那么语前技能就是"开花"的过程，"开花"往往是"结果"的先决条件。打个比方，有听力障碍的儿童，其语前技能往往是正常甚至超常的。因为他们需要用姿势、手势等额外的补充技能来表达需求。相反，患有自闭症的儿童，通常其语前技能会受损，因为他们的沟通意愿不够强烈，所以在大多数情况下表现为一定程度的语言落后。

语言理解是指宝宝能通过听力来"解码"语音，而不靠眼神、手势或嘴型。大多数宝宝在 1 岁左右可以完整理解单步骤指令，如"拍拍手""坐下"等，而大多数 2 岁左右的宝宝理解能力会"更上一层楼"，即可以执行二级指令，如"把球捡起来给爸爸""先站起来再拍拍手"等。

这提示家长可以在宝宝 1 岁左右时就开始为其读绘本，为理解力的提高提供"肥沃的土壤"。

在宝宝 1 岁半～2 岁，家长就可以开始尝试跟宝宝"对话"了，但注意要放慢语速，而对话中使用简单的词汇和幼稚的语言很可能更容易促进宝宝的语言发展，因为听觉"输入"与已经理解的词汇比较接近，因此是有效输入，能够更有效地扩展宝宝的词汇量。

语言表达是指宝宝真正开口说话、用语言来表达需求。例如，大多数宝宝在 1 岁左右可以准确地叫"爸爸""妈妈"，在 2 岁左右可以说出 30～50 个不同的词语，其中大多数都是名词，他们也从这个年龄段开始能够把两个词组合起来组成短语，如"妈妈抱""踢球球"等。

002 决定宝宝语言发育快慢的关键因素有哪些

全世界的研究者在过去几十年里进行了大量的观察性研究，他们发现，无论人种、语种、文化背景和经济水平有何差异，有一条规律对所有宝宝普遍适用，那就是：宝宝在咿呀学语的阶段最先掌握的都是名词或人称代词，一般是先学会"妈妈""爸爸"等人称，其次是奶奶、饭饭、玩的球、家中最常见的家具电器、社区里最常见到的事物等，而这些词语也代表了他们生活中最重要的人、最喜欢和最常见的物品。

宝宝为什么是先学会这些词语，而不是"鼠标""积木""手电筒"呢？原因非常明显——这些是他们最多听到、看到和用到的东西。婴儿期家长在其耳边"喋喋不休"地重复输入这些语言信号，恰恰是宝宝们最先学会这些词语的秘密。

可能不少家长听过"狼孩"的故事——一个在狼群中长大的男孩，与狼群一起生活几年之后又重新回到人类社会，却几乎没有任何办法再次融入人类的群体生活中，也失去了语言沟通的本能。这个故事揭示的规律就是：剥夺了正常的语言环境，即使是语言学习能力完全正常的宝宝也完全不可能发展出任何语言能力。可见，宝宝语言学习的能力是与生俱来的，但要让这枚"种子"顺利地"开花结果"，离不开"土壤"和"阳光"，也就是一个正常的、交流丰富的语言环境。

在语言落后的干预方面，一个常见的误区是只关注输出了多少词语，而忽略了前期输入和有功能的互动的重要性。如果家长只盯着宝宝

"开口讲话"的早晚和词汇量的多少，而忽略了宝宝在"开口"前需要在沟通和玩耍中接受语言输入，那就会很容易把干预的重点放在面部肌肉训练上，或采用把舌系带剪短、机械地教宝宝发某个音等方法，如今天学会"饭"、明天要说出"水"、后天学习"吃"等。这样做其实没有什么科学依据，因为开口说话并不像游泳或骑自行车一样是单纯的肌肉群协调下的运动技能，通过分解动作也能学会。这样的误区忽略了语言作为沟通工具的属性。要想让宝宝有语言的产出，既需要功能正常的神经和肌肉，也需要充足的前期输入和足够的沟通意愿，以及与之匹配的认知和智能发育。

说到这里，不得不提到另外一个由来已久的误区，那就是认为语言落后是因为舌系带有问题。其实大量的科学研究已经证明，虽然有一小部分宝宝的舌系带过短的确会从婴儿期持续到 4 ~ 5 岁，但这与他们的语言发展和构音能力并没有关系。换言之，舌系带过短非常普遍，它不是宝宝口齿不清和开口晚的主要原因。舌系带过短在新生儿中发病率为 4% ~ 5%，但它对宝宝最大的影响其实不是语言发育，而是可能造成新生儿期母乳喂养困难。吸吮母乳的动作需要将舌头伸出到口腔外面，而舌系带偏短的宝宝不能完成这个动作，所以母乳喂养在最初几天往往会不顺利。专业的哺乳咨询师一般都可以及时识别这种情况，并通过一个很简单的舌系带松解小手术来解决这个问题。

需要指出的是，很多宝宝的舌系带偏短都是暂时性的。因为在舌头的发育过程中，舌系带会逐渐向舌根部退缩，舌尖会逐渐远离舌系带，所以很多宝宝也自然地摆脱了这个问题。如果当宝宝到了 1 岁甚至 2 岁之后表现为开口说话晚，再让舌系带来背锅就实在太冤枉了。所以，如果家长期望通过舌系带手术来显著改善语迟儿童的语言技能，往往是没有效果的！

这里重点介绍一下 25 年前美国的一项影响深远的研究。研究者们想看看不同家庭环境中家长与宝宝的互动频率和互动方式有什么不同，以及会对宝宝产生什么影响。于是他们比较了不同社会阶层的宝宝和他们的家庭：有医生、律师等专业人士，也有工薪阶层及较低阶层的社会救济人员（Welfare Families）。他们派志愿者到这些家庭中，不动声色地观察家长与宝宝的互动情况，每个星期都坚持去观察和记录 1 小时，连续观察了两年半。

他们最后得出的结论，简而言之就是：来自较低社会阶层家庭的宝宝，其成长环境中语言交流往往很匮乏。这种相对的匮乏如何量化呢？经过推算，医生、律师的家庭每周对宝宝讲了 215000 个词，而社会较低阶层家庭则只有 62000 个词，数字相差 3 倍之多。在两年半的时间里，这个差距更会积少成多：按照每年 52 周 × 每周 100 小时有效的家庭生活计算。3 年里听到的词汇分别为 4000 万、1000 万。"3000 万鸿沟"，不仅是阶级的鸿沟，而且对学业成就和人生成就都有不可忽视的影响。

当然，如果用积极的眼光来看待这个结果的话，它也揭示了无论家庭结构、种族文化、社会阶层有多大差异，要想提高宝宝的语言能力，家长的干预方法其实很简单，那就是提高和宝宝的互动频率及质量，以弥补物质条件和教养条件上的不足。

有人戏谑地说："即使我们没法在 3 年里赚够 3000 万元，但如果能在家里对宝宝累计说 3000 万个词，可能效果也是差不多的。"这就是历史上非常有名的"3000 万鸿沟"理论。

这项研究还有一项副产品，即家长应该如何给宝宝发布指令。

研究者不仅观察到了不同阶层的家庭中家长与宝宝互动的强度和频

专栏十一　儿童语言发育的秘密

187

率，同时也记录了他们与宝宝互动的方式，给宝宝指令时使用了什么样的句式和词汇，如肯定性的指令有"Please…"（请×××做）等，禁止性指令有"Stop"（停止）"Don't do this"（不要这么做）等。

研究还发现，不同阶层组别中两种指令的使用比例差别非常大——在专业人士阶层，肯定性指令与禁止性指令的比例是 32∶5，在工薪阶层则下降到 12∶7，而在社会较低阶层竟然为 5∶11，也就是说，在这样的家庭中，宝宝每听到一个"要这样做"的指令，就要同时听到两次"不要这样做"的指令。

很显然，社会阶层越高的家庭，给宝宝的肯定性指令越多，禁止性指令越少，而那些处于社会经济地位较低阶层的家长在与宝宝的互动过程中，则会更多地使用"No"（不许）"Stop"（停止）"Don't do this"（不要这样做）等语言来进行管教和约束。

我们要知道的是，偏严厉的，以约束为主、鼓励和赞赏相对较少的行为管教方式是不可取的。对于 1 ~ 3 岁的宝宝来说，过多否定性、约束性的指令很可能引起宝宝压力下的逆反情绪，也不利于他们建立安全感和自信。

003 正常语言发育的"里程碑"和"时间表"

语言发育与大运动、精细运动等功能区的发展很相近，宝宝在不同月龄需要达到不同的标准，表 11-1 列出了 6 月龄到 4 岁宝宝的语言发育"里程碑"。

表11-1　6月龄至4岁宝宝语言语言发育标准

年 龄	理解性语言	表达性语言
6月龄	对自己的名字有反应	发出咕咕声、咯咯声、发出笑声
9月龄	对手势作出反应，如当家长伸手抱时会迎合	随机组合声母和韵母，如发出"ba""ma""bu""gu"等声音
1岁	可以执行简单的单步指令	有意识地说出"爸爸""妈妈"
2岁	可执行二级指令；理解更多动词，如吃、睡觉、洗、玩、抱、开等	能够说出约50个词；能把2个词正确地连起来使用；说出的语言中至少50%能被理解
3岁	可执行三步的指令；理解抽象意义的词语，如大小、软硬等	能说出至少包含3个词的短句子；能说出颜色（红、黄、蓝、绿）；说出的语言中有75%～90%能被理解
4岁	能理解有情节的故事并回答与主要情节有关的问题	能准确叙述出幼儿园里发生的事情

宝宝在6月龄时，大多数会对自己的名字有反应，甚至有人在其视线之外叫他时，他也能转头朝向他们。在表达方面，6月龄的宝宝会发出咕咕声、咯咯声，也会发出笑声，很多家长还会发现这个年龄段的宝宝有时会发出尖叫声，其实这些都说明宝宝们在更有意识地控制声带和气流来发出声音。

9月龄的宝宝能对手势做出反应，如当家长伸手抱时会迎合或露出微笑，在表达方面他们可能随机组合声母和韵母，发出"ba""ma""bu""gu"等声音，这是最常见的元音和辅音，随机组合起来也最容易发出"baba""mama"等音节。但这并不意味着他们能准确地使用"爸爸""妈妈"等人称代词，全世界的宝宝之所以都会最先学会叫"爸爸""妈妈"，是因为这两个音节是最容易发出的声音。

到了1岁的时候，宝宝就可以真正听懂大人说话了，也能执行简单的单步指令，如坐下、站起来、拍拍手等，在表达上则可以有意识地说出"爸爸""妈妈"。

到了 2 岁的时候，宝宝的语言又会有一个很大的飞跃，即可以执行二级指令，也就是连续做两个动作"先×××再×××"，如"把地上的球捡起来给爸爸""先拍拍手再站起来"等。同时，他们还可以准确地理解更多的动词，如吃、睡觉、洗、玩、抱、开、关等。有半数以上的宝宝可以在 2 岁生日时准确地说出大约 50 个词及把 2 个意思不同的词语连接起来，如"妈妈抱""给宝宝""踢球球"等。由于 2 岁的宝宝有很多音还发不准确，所以这时如果家长不能全部听懂宝宝说的话也是很正常的，只要有 50% 以上的词语能被听懂就是符合正常规律的。家长可以根据沟通的前后意思或情绪场景来猜测宝宝想要表达什么，并积极地给出回应。

当宝宝 3 岁时，他们的短期记忆力和理解能力又有了进一步的提高，往往可以执行三步的指令了，如"先站起来，然后绕一圈，最后坐下"或"先摸摸耳朵，再拍拍手，最后把门打开"等。他们也开始能够理解抽象意义的词语，尤其是形容词，如"大小""软硬"等。在表达方面，3 岁的宝宝一般能说出包含至少 3 个词语的短句子，甚至部分宝宝已经可以像模像样地和成年人聊天了。另外，他们还能说出颜色（红、黄、蓝、绿），语言表达的精细程度也进一步提高，已经有 75% ~ 90% 的表达都能被理解。如果此时家长还不能听懂宝宝至少 75% 的话，那可能需要请专业人士来对宝宝进行语言能力和构音方式的评估。

3 岁以后，宝宝的语言发展继续突飞猛进。到了 4 岁时，他们已经能理解有情节的故事并回答出与主要情节有关的问题，而且这些问题不再局限于"谁""什么""在哪里"等，而是比较复杂的或带有逻辑关系的，如"怎么做才能……""为什么……"等问题。在表达方面，他们已经可以准确地复述出幼儿园里发生的事情，如某个小朋友今天做了什么事、老师说了什么话等。他们能大致说清楚事情的前因后果，家长也会开始觉得跟他们沟通变得意义丰满起来。

在宝宝的成长过程中，家长需要经常观察自己的宝宝在语言发育方面是否存在以下这些"发育异常"的预警信号：

（1）宝宝1岁时还不能准确地叫出"爸爸""妈妈"。

（2）宝宝1岁半时，不能说出5个不同的词语，或不能在没有任何手势帮助下完成一个单步骤指令。

（3）宝宝2岁时还不能主动说出50个不同的词语或把两个词连起来组成短语，如"妈妈抱""踢球球"等。

按照这个标准，有相当大的一部分宝宝会被这些"预警信号"筛查出来，甚至可能高达10%以上，那是不是说这些宝宝就一定有"发育问题"呢？倒也未必，因为这样的宝宝其实就在我们身边，可能是自己的宝宝，可能是亲戚的宝宝，也可能是小区里的宝宝……要用科学循证的眼光来看待儿童的语言发育，高度关注宝宝的语言发育和家庭环境，但并不一定给他们"诊断"或打标签，因为这些"里程碑"和预警信号并不代表宝宝将来一定有多聪明或多迟钝。同时，更重要的是在正确的时间给宝宝进行综合的评估和及时的指导，让家长有能力在家庭生活中自然地推动宝宝的语言发展。

004 "贵人语迟"？认识儿童语言障碍

"贵人语迟"是一个存在已久的认识误区，它根本没有科学依据。

爱因斯坦是20世纪全人类最伟大的科学家。坊间传言他到4岁时才开口说话。如果对照儿童语言发育"里程碑"来评价的话，爱因斯坦就算是在 2 ～ 3 岁的年龄段存在比较严重的发育性语言落后了，但这也并没有影响他日后的智力发育和人生成就。

但家长可以因为这个特例就抱有侥幸心理吗？当然不行。

语言发育是儿童早期学习和社交技巧的关键，发育性语言障碍发病率为 5% ～ 10%。如果不能早期识别和干预，会对宝宝的能力发育造成影响，也不能充分激发宝宝的学习潜力。语言落后的影响是多方面的，可能会导致宝宝在如厕训练、早期社交、情绪管理等方面都遇到困难。而且，部分语言发育落后可能是其他潜在基础疾病的表现，如听力异常或孤独症等。因此，当宝宝在 1 ～ 3 岁出现语言发育的预警信号时，家长一定要及时就医评估，给予宝宝最及时、有效的帮助。

科研结果显示，幼儿在早期被诊断为单纯的语言发育迟缓或障碍后，经过语言治疗，大多数宝宝会获得很好的预后。但如果家长怀有侥幸心理而不正视问题，很可能就会贻误最佳的治疗时机。其实很多时候问题可能并没有想象中那么可怕，因此如果家长对宝宝的语言发育有担心，那既不需要讳疾忌医，也不需要过分焦虑。只有用科学的眼光正视这个问题，才能给宝宝最及时的评估和干预。

由此可见，尽管有一些特例存在，但"贵人语迟"绝不是普遍规律。很多循证医学的研究结果认为，大部分语言发育迟缓的儿童需要专业的家长培训和临床康复治疗来最大限度地帮助其发展语言，提高全方位的认知发育水平，也为日后在幼儿园和小学的学习打下基础、扫除障碍。

如果说"贵人语迟"是个例的话，那有没有什么评估方法能让家长尽早知道宝宝注定是"贵人语迟"还是需要及时干预尽早追赶呢？这是一个很美好的愿望，但截至目前的循证医学研究结果是让人失望的：即使使用目前最先进的评估手段，也没有办法准确地预测儿童的语迟现象会持续到多大年龄！

然而对于干预来说，却是越早越好。早干预比晚干预更有效，错过早干预的机会，语言干预虽然仍有效果，但也远不及早干预，这与自闭症儿童的干预非常类似。

从图11-1中的统计数据可以看出，儿童在1岁半到2岁，语言发育落后的情况其实非常普遍，占比达到13.5%，在2岁半到3岁，这个数字不但没有降低，反而提高到了17.5%。到4～7岁也就是幼儿园中班到小学一年级的阶段，语迟儿童比例下降了一半，在7%～9%，而另一半则是很自然地赶上来了。

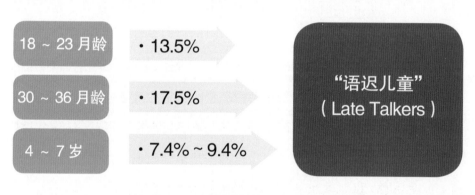

图 11-1

为什么家长不能抱着侥幸心理观望2～3年呢？因为有研究表明，那些3岁左右语言能力较差的宝宝已经开始遭到同龄儿童的排斥了，而语言能力的提高可以极大改善儿童的人际关系。宝宝4岁时的语言能力也可以很大程度地预测其7岁时的语言预后，7岁时的语言能力低下则意味着更多的社会情绪问题、行为问题、语文学习困难等。

这是个让人不寒而栗的发现，因为语迟的宝宝即使在上小学之前已经追赶上来了，但语迟的经历其实已经对他们的认知发育、情绪及社交造成了潜在的问题和长远的影响。这也更进一步证明，"贵人语迟"的侥幸心理是不科学的。

再看爱因斯坦的例子：他作为一名基础科学家，不需要时时与他人打交道，只要做好精简的物理研究就能获得很高的学术成就。然而到21世纪，对语言学习的要求已经变得更高，不要求语言能力的工作岗位越来越少，很多工作岗位甚至要求熟练掌握2种语言。我们身边的理发师、快递小哥、出租车司机等传统意义上的"蓝领"工作就是个例子。在20世纪，这样的工作岗位可能对语言能力的要求并不高，但在二三十年后的今天，随着技术的革新，社会分工越来越细化，任何一项简单的工作可能都要与几位甚至十几位同事、客户协作沟通才能完成，如果没有精确、清晰的语言表达能力，恐怕是很难胜任的。至于大多数"白领"岗位，对口头和书面的表达能力要求更是与日俱增的。对宝宝来说，幼儿园里讲故事大赛、小短剧、小小演讲家等活动，既是社交和自信的需求，也是入学前需要做好的学习准备。所以，呼吁家长们用科学的态度来关注宝宝的语言发展，目的不是危言耸听，而是从科学的角度来直面问题，既不需要过度焦虑，更无须忌讳谈论它。

再三呼吁家长重视宝宝的语言发育的另一个重要原因是自闭症谱系障碍最初也表现为不能达到相应年龄段的语言发育"里程碑"。从数据上来看，自闭症谱系障碍发病率约为1%，虽然比语言落后要罕见得多，但早期识别出这些可疑的自闭症倾向对治疗来说至关重要。

与那些单纯语言发育迟缓的宝宝不同，患自闭症的宝宝往往缺乏主动沟通的意愿，这使得他们不会主动用肢体语言或眼神来表达需求、分享情感，也不怎么喜欢玩"过家家"或用空杯子喝水、模仿打电话之类的带有假象和角色扮演的游戏。患自闭症的宝宝即使在家长努力引导下开口说话，也明显欠缺有效沟通的技能，有时只是机械性地"鹦鹉学舌"或数数、背诵诗歌等。由于兴趣狭窄，患自闭症的宝宝往往看上去总是"沉浸在自己的世界里"，与家长的目光对视非常少，他们只会对某个动作场景或玩具的某个零部件感兴趣，而不会关注故事的整体情节或整个玩具的功能。

对自闭症的干预训练与对单纯的语言落后的干预完全不同，因为患自闭症的宝宝还会伴随着沟通技能和自我照顾技能的缺失。因此，有自闭倾向的宝宝需要尽早到儿童保健门诊进行评估，如果确诊则要尽早进行干预训练。

∽∞005 家长如何在日常生活中自然地促进宝宝语言发育

家长是宝宝的第一任也是最好的老师，那在与宝宝的互动过程中，可以采用哪些具体方法促使宝宝的语言发展更顺利地"开花结果"呢？

首先，在宝宝真正开口说话之前的语前阶段，家长应尽量与宝宝频繁地建立共同关注（Joint Attention），如与宝宝目光处于同一水平线，不要背对着甚至隔着房间跟宝宝讲话等。同时，要尽量多与宝宝交流他正在看或正在想的东西。例如，日常生活中逛公园、逛超市等都是宝宝学习语言的天然场景和"肥沃土壤"。家长在宝宝注视某一个东西时，使用"这是鸡蛋""这是牛奶""这是饼干"等语言帮助他们来命名，就有可能让宝宝能理解的词汇量快速扩展。

需要提醒家长的是，宝宝对某一个物体的专注时间往往不长，在超市或公园等场景往往一幕幕很快地闪过，所以家长要随时变换语言的内容和焦点，根据宝宝的专注点来灵活调整话题。

其次，建议家长增加有效互动，注意重复。重复其实是语言学习最重要的一环。举个例子，如果宝宝想喝水的话，家长就可以说"宝宝你是不是想喝水呀？""妈妈把水拿过来好不好？""来，给你水，可以喝水了"等，当宝宝眼前有"水"，脑海中刚好又在不经意间输入了好几遍"水"这个单词，那他就可以很自然地把"水"这个语音和眼前的液体联系起来，也就学会了母语中"水"这个词。

另外，要注意用稍慢的语速和稍夸张的语气同宝宝讲话。如果家长对 1 岁半的宝宝说"在马路上乱跑是很危险的"，这很可能超出了他的理解能力，效果不一定很好。但如果把这句话简化为"不可以乱跑"或"宝宝停下来"，那他可能会更容易听懂。

再次，要给宝宝机会来开启沟通，避免向保姆一样提前满足需求。衣来伸手、饭来张口的养育环境非常不利于表达性语言的发展。如果宝宝稍微朝某个方向一看，家长就猜到他的需求是想穿鞋，于是主动过来给宝宝穿鞋，就很不利于鼓励他自己开口表达。

最后，家长要尽量每天固定时间给宝宝朗读绘本。在语言发展的早期，宝宝除了学习"吃、喝、拉、撒"等接地气的词语，还需要逐渐开始学习抽象的词语。要掌握这些日常生活中比较难接触到的抽象词语，一个最有效的途径就是早期阅读。绘本可以为宝宝提供日常生活中较少接触到的情景，对其语言能力、认知能力、社交能力的发展都会起到很重要的作用。

当然，不仅是 1 岁以内的宝宝对绘本感兴趣，当有了开口说话的能力后，他们的兴趣还会与日俱增，甚至会开始模仿绘本故事中的一些词语。所以即使宝宝已经开口说话了，读绘本也完全有必要继续坚持。

当宝宝已经开口说话后，家长又应如何在陪伴中自然地推进他们的语言发育、扩展他们的词汇量呢？

首先，家长要耐心地等待宝宝表达并及时给予回应。家长可以用耐心的语气鼓励宝宝表达，并在其表达后及时满足需求或给出回应。宝宝在刚刚开口说话的阶段很可能语音不清，需要家长去猜，这时候切忌一味地纠正发音。

还有一个技巧叫作"每次只给一点点"，也就是说家长即使已经猜到了宝宝的意图，也可以暂时不全部满足，这样就能激励他们再次启动沟通，如吃的只给一点点，玩具只给一个小部分，想去的地方只走一个方向等。家长还可以不时地尝试"故意犯错"或"欲擒故纵"等方法来引导宝宝主动说出某些词语。

当宝宝拥有一定的词汇量后，就可以给他做选择题。例如，"要吃苹果吗？"可以更换为"吃苹果还是吃梨呢？苹果？好的，妈妈给宝宝削苹果。"有了这样高频而稳定的输入，宝宝就有希望更主动地模仿家长的发音，就更有可能在下一次主动说出"苹果"或"果果"这个词。

家长应认识到，角色扮演和假扮游戏对年龄稍大一些宝宝的语言和认知发展都有重要作用。和宝宝一起模仿做家务、做饭、打电话等生活场景，都能给宝宝带来很丰富的情绪体验。例如，和宝宝一起玩小火车游戏，既能拥有良好的互动，还可以在游戏中融入语言表达，如模仿火车"呜呜呜""哐嘁哐嘁"，卡车"咔咔咔"，警车"哇儿哇儿哇儿"的声音等。这样高质量的互动既有趣又有内容，还带有一定的想象空间，甚至可以引导宝宝把自己坐火车的体验与眼前这个场景结合起来，自然有利于推动宝宝语言和认知的发展。

除此之外，家长要有意识地限制宝宝使用电脑、电视、手机等"屏幕时间"。因为在婴儿期过早地接触电子媒介是不利于儿童语言发育的。很多神经科学的研究结果都表明，有来有回的双向互动对于小月龄宝宝的语言学习是至关重要的。无论电视、手机，还是平板电脑，都无法给宝宝正常互动中必要的眼神对视，也不能根据宝宝的表情和手势等调整语调和词语，只能算是单方向的语言输入，因此没法代替家长与宝宝面对面对话的作用。

对于婴幼儿来说，被动地观看视频其实对语言的发展没有太多裨益。如果说一小部分电视节目有些许教育作用的话，也很可能在宝宝2岁之后才有意义。高质量的节目也许能让2岁以上宝宝的认知体验更加丰富，从而推动宝宝认知和语言发展，从这个角度来说，对节目内容的选择就至关重要。

2016年，美国儿科学会发出倡议：

18月龄以下的宝宝应避免除视频聊天以外的屏幕媒介（和家人进行远程的视频聊天被看作真实世界社交的延续）。

18 ~ 24月龄要严格筛选高质量的节目，并与家长一同观看以更好地理解节目内容。家长与宝宝讨论共同关注的内容，帮助宝宝把屏幕上看到的与生活中的场景联系在一起，可以帮助宝宝学到社交技能。

2 ~ 5岁，继续严格地杜绝屏幕媒介使用已经不太现实了，因此建议应把"屏幕时间"限制在每天1小时之内并严格筛选高质量的节目（符合宝宝年龄的，避免暴力、色情等内容）进行观看。

6岁以上的儿童在使用屏幕媒介时也应持续遵从时间上限。这个上限可以因人而异，根据学业要求和文化特质而定，但基本要求是要确保不会威胁到宝宝充足的睡眠、运动及其他健康行为。在这个年龄段，如果宝宝喜欢并且家长允许宝宝打电脑游戏的话，家长也不妨与宝宝对垒，而不是让他和电脑对战。其中的原理与对小月龄宝宝的建议是一样的，那就是丰富互动性和社交性，而避免长时间使用屏幕所带来的单向信息输入。

很多家长还会关注双语环境对宝宝语言发育的影响。目前，双语的家庭环境已经越来越普遍，无论家庭里同时使用中文和外语，或者普通话和方言，如上海话＋普通话、粤语＋普通话等，都可以被看作广义上的"双语环境"，因为两种语言的使用者之间无法无障碍相互理解。很多北方方言的使用者之间大多数可以相互理解，因此很难算作两种语言，而只能算是两种口音。

那双语环境会造成婴儿期语言落后吗？

很多研究结果都给出了明确的答案，那就是"不会"。因为早期接触双语环境的宝宝与单语环境下的宝宝相比，也遵循着相同的语言发育时间表，只是会常常把两种语言中的词语和语法混淆，直到 3 ~ 4 岁时才能准确区分开，但这并不表示他们的语言能力有欠缺。

大多数学者都同意一个观点，即对于语言学习潜力正常的宝宝，双语环境不会造成其语言发育落后，而对那些在原生态环境中使用双语但出现语言落后的儿童的评估，应使用与单语儿童相同的评估标准。当宝宝第一语言偏弱或明显落后时，建议家长及其他家庭成员在与宝宝交流时，尽量多使用宝宝最熟悉的主导语种，而不是家长的母语。

ꙮ006 如果宝宝口吃，家长应该怎么做

在宝宝语言发育过程中，口吃的现象并不少见。研究表明，在学龄

前儿童中，有多达 8.5% 的宝宝都会在某个阶段出现或多或少的口吃现象，家长为此既揪心又烦恼。在这些宝宝中，又有 1/8 左右会持续到小学、中学甚至成年阶段。

宝宝口吃的原因是什么呢？其中当然有很多因素，包括遗传和外部环境等，但最不可忽视的就是紧张的情绪，它会使宝宝出现口吃的频率明显增高。口吃的宝宝除了语言不流畅，有时还可能出现面部肌肉紧张、快速眨眼、说话时做出口型却没有发出声音等状况。

在这里要提醒家长，如果发现宝宝在某个阶段偶尔出现口吃的情况，完全不需要太紧张，但需要微调与宝宝说话沟通的方式，这样可以给宝宝创造最大的机会来尽快摆脱这种现象，不妨试试以下几种方式：

（1）营造轻松平等的亲子关系、保证充足的亲子时间。

（2）多陪宝宝读绘本或讲故事。

（3）适当放慢语速同宝宝讲话，而不是反复提醒宝宝"慢点说"。

（4）用心倾听，把注意力放在宝宝说话的内容而不是说话方式上。

（5）等宝宝说完了再回应。

（6）多关注宝宝语言技能之外的综合能力发展，如社交、情感、体格、智力等。

家长的哪些行为可能会"适得其反"呢？

（1）在宝宝面前表现出对宝宝口吃的紧张和焦虑。

（2）反复提醒宝宝或打断他们说话。

（3）责备或命令宝宝"好好说话"，甚至因为口吃而惩罚宝宝。

（4）在宝宝发生口吃时帮他们说完一句话。

在一些特殊情况下，宝宝的口吃比较容易持续下去甚至到年龄大一些时还不能完全好转。如果宝宝有以下危险因素中的一个或几个，则需要更加重视，可能还需要由专业人士进行测试和评估，然后决定是否需要马上进行系统性的干预矫正。

（1）发生年龄较晚。如果宝宝的口吃发生在 3 岁半之前，那么其在 6 个月之内摆脱口吃的概率就很高，否则，概率则会降低。

（2）持续时间较长。如果宝宝口吃的持续时间达到 6 ~ 12 个月甚至更长，那么他不经过干预摆脱口吃的概率会比较低。

（3）男孩比女孩更不容易摆脱口吃。口吃在男孩中比在女孩中常见得多，而且更不容易在不经干预的情况下自然好转。

（4）其他原因导致的语言发育落后或言语/语言障碍，如语音错误、说话很难被听懂或在理解指令上有困难等。

总之，当发现宝宝出现口吃现象时，家长需要全面而科学地了解口吃的成因、发展规律及应对办法。如果经过一段时间还没有缓解，则可以向儿科医生或言语治疗师寻求更专业的评估和指导。

专栏十二

用科学的眼光看待早教

高峥

卓正医疗儿科、儿童保健、儿童发育行为专科、
儿童语言专科咨询医生
上海交通大学医学院博士
英国皇家儿科医师协会成员（MRCPCH）

∽ 001 早教对家庭和社会意义重大

　　早期教育（简称早教）是家长们都很关心的问题，但家长对其也不免存在一些认识误区，以及没必要的焦虑感。学习一些基于医学和教育学研究成果的早教规律并了解常见误区，有助于家长用科学和理性的眼光看待早教。

　　广义上的早教含义非常宽泛。凡是 6 岁入学之前在托班、幼儿园、家庭或早教中心等机构中的照养、学习和玩耍，都属于广义上的早教范畴。一些常被提及的概念，如正向养育、想象力、社交能力、专注力的培养等，都是广义早教的内容和目标。

　　很多教育学和社会经济学研究表明，高质量的早教不仅会给个体和家庭带来很大的益处，而且也是整个社会的财富。一个非常经典的例证就是 1965 年美国政府牵头的 Head Start 项目，这个项目着重跟踪和研究了全美国的很多公立幼儿园，保证它们达到联邦政府所规定的特定资源分布和师资。研究结果表明，高质量早教对宝宝的个体成就有重大意义：6 岁之前接受过早教的宝宝，在其 15 岁之前留级或转入特殊教育的概率显著降低；接受过早教的"试验组"成员在 21 岁时被大学录取的概率是"对照组"的 2 倍……

　　同时，高质量早教对全社会也有不可估量的价值，早教的普及甚至可以显著减少犯罪的发生。利用经济学原理进行推算后可以得出，政府在早教上每投入 1 美元，全社会就可以收益 7 美元，这样的性价比当然是"稳赚不赔"的，可谓功在当代、利在千秋。

20 世纪美国的研究结论在我国也同样适用，"科教兴国"的战略就源于此。20 世纪末中央就提出"科学技术要从娃娃抓起"，到今天这个说法不仅没有过时，还已经有所延展——9 年义务教育已经在 1986 年被立法保护。早教虽然尚未受到法律保护，但在大城市已经非常普及。每个宝宝（包括特殊需求的宝宝）都应享有接受合格早教的权利。

但不可否认的是，近年来在商业因素等的影响下，早教的裨益存在被夸大宣传的现象，甚至学科类超前教育现象普遍，不仅影响了孩子们的作息平衡，也加重了家长的负担。因此，家长更需要用科学、理性的眼光重新审视"赢在起跑线上"的合理性。事实上，Head Start 项目的随访结果表明，上过学前班的宝宝与没上过学前班的宝宝相比，进入一年级后在多个不同领域的能力都会强一些，尤其语文能力普遍较强而且带有一定持续性，但认知、社交、行为等方面的优势在二年级时就会逐渐消失。换言之，"赢在起跑线上"的宝宝也许没跑几步就被追上来了，暂时的"先发优势"根本无法持续到人生这场马拉松比赛的后半程。

因此，家长应该需要理性地看待早教：高质量的早教和家庭养育应该是现代育儿理念的一部分，不应成为过度攀比的工具，更无须为此平添焦虑。

002 高质量的早教有哪些特点

公众对于早教最大的误解之一就是，只有在"机构"里、在老师带领之下的游戏或学习才算是"早教"。事实上，家庭环境的早教可能比幼托机构里的更为重要！

美国国立儿童健康与人类发展研究院（NICHD）的研究结果显示，对 4 岁半以内宝宝的认知和语言发展起决定性作用的很可能并不是幼托机构的教育，而是他们所处的家庭环境和家长的特点。

在美国 Head Start 项目中也是如此。1965 年，美国联邦政府开始出资资助公立幼儿园，让社会下层的宝宝也有机会接受质量有保证的早教。最初的目的本是让那些"本来没有幼儿园可上"的宝宝从不利于早期发展的家庭养育环境中脱离出来，但这一初衷越来越多地被研究证据所推翻，事实不断证明，家庭教育的质量同样重要。因此，整个项目也不断进行反思和调整，逐渐把重点转为教育这些宝宝的家长，给他们支持并告诉他们如何在家庭生活中给宝宝高质量的陪伴和互动，而不再是让这些宝宝从家庭环境中脱离出来。事实证明，这些观点都产生了深远的学术影响和社会效应。

正如美国总统勋章获得者、哈佛大学儿科教授 Berry Brazelton 所说："当我们给每个小家庭以知识和力量，那整个社会也会随之变得更加强大而有力。我们的目标是让世界上每一位家长都能得到专业人员的支持，使其在'家长'的角色中找到自信，并与宝宝建立起坚不可摧的情感纽带。"

在众多的商业宣传之下，早教机构可谓五花八门、层出不穷，那家长在选择时，有没有一些普适性的标准可供参考呢？当然有。对一个幼托或早教机构质量的评定，目光不应只局限于眼花缭乱的玩具、器械或装修，更应该重视老师和员工的学历和素质，以及老师的言谈举止、启发性和鼓励性等。这也应了那句经典台词："21 世纪什么最贵？人才！"

优质的早教机构应该符合的一些硬性指标包括以下两个方面：

（1）较高的师生比例和较小的班级。大多数高质量机构的成年工作人员与宝宝比例在1∶3～1∶6。

（2）老师和其他照养者的教育水平。在目前一些优秀的早教机构里，所有老师均拥有教育学或相关领域的硕士及以上学位；美国政府对公立幼儿园的最低要求是师生比不超过1∶10且校长要有本科以上学历。

此外，还有一些软性指标和特点也不容忽视，主要包括工作人员积极的照养态度（Positive Caring）、及时回应宝宝的言语表达、向宝宝多提问题、丰富的阅读体验、启发性的数学活动及对正向行为的鼓励等。

高素质的教育人员其实是一所优质早教机构最大的财富。家长应如何使用"火眼金睛"来鉴别不同机构的优劣呢？一些比较有代表性的问题能快速反映某个机构的人员素质和管理能力：

（1）每个班级中有多少名宝宝，师生比例是多少。

（2）机构是否全面禁止吸烟。

（3）特殊事件或紧急疏散能力如何。

（4）工作人员是否接受过心肺复苏和急救方面的培训。

（5）工作人员是否都接种了最新的流感疫苗。

（6）机构是否能为宝宝提供户外活动的场地，活动时间是否固定。

（7）对宝宝的一些特殊表现或问题行为，老师如何处理及如何与家长进行沟通等。

这里需要声明的是，并不建议家长在给宝宝选择机构时吹毛求疵，因为软硬件都十分完美的机构可能并不存在。面对机构依靠夸大宣传或噱头营销大行其道的现状，我们更希望看到早教行业从业人员的素质和专业水准能够与日俱增，使整个行业能够早日进入优胜劣汰的良性循环，健康发展。

∾∾ 003 学龄前宝宝适合什么样的游戏

早教的场景和项目可谓眼花缭乱，但其中哪些内容对于开发宝宝的智力最有益处呢？

美国儿科学会鼓励 1~6 岁的宝宝多参加"非结构化、不插电"的游戏。这两个否定性质的形容词很有意思，非结构化是指没有既定游戏规则或玩法，不插电本意是指没有电源插头，但也泛指无须借助电池的、非电动的玩具。例如，电子机器人、早教机器人、iPad 等都属于"插电"的游戏，它们无法代替"不插电"的游戏。图 12-1 左侧所展示的这些游戏没有既定游戏规则，允许宝宝自由发挥并且有想象空间，更有利于开发宝宝大脑的潜能。

图 12-1

学术界普遍认为 1 ~ 3 岁是大脑发育的关键时期，需要频繁的语言刺激和肢体互动来促进儿童认知的发展。那些非结构化的玩具和游戏对想象力和创造力的开发至关重要。如图 12-1 中最左侧的塑料球就有很多不同的玩法，可以用手扔，也可以用脚踢等。越往右侧的玩具非结构化就越高，搭积木、拼乐高、用蜡笔画画等，虽有一些固定套路但仍有不少可以让宝宝自由发挥的空间。至于最右侧的游戏，如下跳棋、魔方等，更是可以在既定的规则下变换出成千上万种不同的玩法。这些非结构化玩具对于培养宝宝的抽象思维能力、逻辑性思维能力等都十分重要，但可能对于稍大年龄的宝宝会更加适用。

家长要注意，在游戏的过程中，尽量容忍和配合宝宝的探索行为与散漫思维，如搭积木时没必要总是提醒他们"你搭的房子不对称""这样搭会容易塌掉"……拼乐高时也不需要说"你的方法和书上的不一样"，等等，相反，家长要多鼓励宝宝自由发挥，要有意识地保护宝宝的想象力和好奇心。

所以，还是建议 1 ~ 6 岁的宝宝要多参加"非结构化、不插电"的游戏。在使用电子产品方面，1 岁半之前要避免屏幕时间，1 岁半到 2 岁要严格筛选高质量节目并家长陪宝宝一起看，2 ~ 5 岁宝宝的屏幕时间应每天尽量限制在 1 小时以内。

最后，无论在家庭玩耍还是在早教机构中，家长都应该高度重视安全问题，尽量做到防微杜渐、防患于未然，因为意外的发生往往就在一瞬间。

这里总结了一些关于安全的小建议：

（1）不要在宝宝的床上放其他物品，以免宝宝将它们叠起踩在上面爬出围栏。

（2）不要给宝宝带有小零件或尖锐边角的玩具。

（3）宝宝在戏水池、游泳池中玩耍时，要一刻不停地全程看护。

（4）所有药品、清洁剂、打火机等危险物品要放在宝宝够不到的地方。

（5）保证宝宝远离火炉、地面加热器等热源。

（6）永远不要将宝宝单独留在汽车中。

（7）宝宝学习平衡车或骑自行车时要佩戴头盔。

〜 004 如何应对 Terrible Two

　　英文中有一个说法叫 Terrible Two，有人直译为"糟糕的 2 岁"，在心理学上这种现象也叫作"第一逆反期"。它是指 2 ～ 3 岁的宝宝好奇心变强，开始发展出自我意识并表现出明显的自我偏好或意愿，当他的目的无法立即达到时就会发脾气，甚至嚎啕大哭或就地打滚。用积极的眼光来看，他们是喜欢"自己的事情自己做"，但让家长烦恼的一面则是他们似乎过于"以自我为中心"。这个逆反期会持续半年到一年的时间，也是儿童心理发展的必经阶段。

　　2 岁左右的宝宝为什么会不再"天使"、反而进入 Terrible Two 这个阶段呢？一方面，他们的运动能力和语言能力突飞猛进，会渴望扩大活动范围来探索周围的环境，增加体验；另一方面，他们在要求得不到满足时还暂时没有与大人商量或"讨价还价"的能力。理解了这些行为的原因，家长就不会再困惑为什么原本"天使"的宝宝到了 2 岁这个年龄突然变得不再那么言听计从了。

　　那么，家长应该如何应对宝宝在第一逆反期里的各种"无理取闹"的行为呢？

　　首先，尽量做一些预期管理，如在进入商场跟之前"有言在先"，用宝宝能够理解的方式告诉他们"今天我们不买×××"。

其次，可以尽量多给宝宝一些选择空间，如先穿衣服还是先穿裤子，由爸爸抱还是妈妈抱，等等。在不影响给宝宝健康和安全的前提下，还是有很多空间可以交给宝宝来选择的，这样做可以从心理上顺从和迎合宝宝自我意识和自我掌控的诉求。

当然，如果宝宝已经出现了失控的苗头，那家长也需要适时地坚持一些原则，在宝宝发脾气时不要总是轻易妥协，而是可以"温柔地坚持"。轻易地妥协只会传递给宝宝一个信息，就是自己大哭大闹、就地打滚就能最终达到目的。如果家长能保持平静并尽量用语言安抚宝宝，不带情绪地、轻声细语地坚守住某些底线，很可能会事半功倍。

再次，很多家长在应对 Terrible Two 上还有一条法宝，那就是适时转移宝宝的注意力，声东击西。在宝宝因达不到目的而失望的时候，家长巧妙地岔开话题、引入新的场景或游戏等，有时也能达到缓解和平复宝宝逆反情绪的目的。

最后，要重视宝宝的睡眠。在造成 1～3 岁宝宝问题行为的各种因素中，性格和自我意识也许只是一个方面，睡眠不足或睡眠质量不佳，也很有可能导致这个年龄的宝宝出现爱发脾气、情绪不稳定等状况。美国睡眠学会推荐 1～2 岁的宝宝每日睡眠总时长的最佳范围是 11～14 小时，3～5 岁的宝宝为 10～13 小时。

∽◎ 005 如何培养宝宝的专注力

能培养宝宝的专注力也是很多早教机构和产品所宣称的特色之一。

在大多数成年人的概念里，做事专注既是一个好的习惯，也是取得较高学业成就的基石。那么对于心智和自我控制力都还在发展中的学龄前宝宝来说，有哪些方法可以提高他们的专注力呢？

表 12-1 列出了符合不同年龄宝宝心智成熟程度的专注力时长，可以看到，宝宝 2 岁时往往只能专注于某项活动 4 ~ 10 分钟，3 岁时可以达到 5 ~ 15 分钟，4 岁时为 8 ~ 20 分钟，6 岁时为 12 ~ 30 分钟。也就是说，对于 6 ~ 7 岁的一年级小朋友，强求他们在 40 分钟的课堂上全程聚精会神，其实是不现实的，大多数一年级的小朋友只能认真听半节课。专注力本身是因人而异的，它的所谓"正常范围"非常广。如果家长觉得宝宝在游戏中、早教班或幼儿

表 12-1　注意力时长

年龄（岁）	专注时长（分钟）
2	4~10
3	6~15
4	8~20
5	10~25
6	12~30
7	14~35
8	16~40
9	18~45
10	20~50

园总是容易走神，不妨对照这个表格来看一下他的实际专注力时长是否在对应年龄的正常范围内。

如果宝宝的专注力时长已经在正常范围内，那有没有什么办法能有意识地延长它呢？当然有。

首先，对于 2 岁以上的宝宝，使用屏幕时间要限制在每天 1 小时以内，尤其是观看画面闪动剧烈的动画片的时长。一些学者认为，观看情节夸张的动画片会让宝宝过于习惯其中闪动的画面、夸张的语气、跌宕的情节，所带来的后果就是宝宝对现实生活中的互动失去耐心，专注力

有限。

其次，家长需要反思是否存在对宝宝过度关注的问题，例如，当宝宝本身很专注于做某件事情时，家长是否每隔几分钟就提醒宝宝要喝水、要增减衣服、要擦口水、要提裤子等。要知道，2～3岁的宝宝还不能像成年人一样很快集中精神回到原先关注的事情上，所以，这样经常打断宝宝是很不利于培养宝宝的专注力的。

当然，家长也要尽量以身作则，减少在陪伴宝宝的过程中频繁看手机或被其他事情打断的情况。

最后，对于3岁以上的宝宝，家长不妨尝试在游戏中帮助他们培养专注力。

例如，先给宝宝看一幅图，上面有很多种不同的水果、动物或交通工具。然后把图片拿走，再让宝宝回忆并复述图片中有哪些内容或情节。如果宝宝喜欢这样的游戏，很可能就自然而然地培养了很好的专注力。

其他可以尝试的小游戏还有让宝宝凭短期记忆把棋子照原样摆好、背数字或倒背数字等。如果融入生活场景中，家长也可以让宝宝回忆刚刚经过了哪些商店、看到了哪些交通工具、点餐时看到了哪些食物等。这些小游戏在不经意中就包含了形象记忆、语言表达和专注力培养。如果宝宝喜欢，很可能会拉着家长玩个不停。可见所谓"高质量的亲子互动和陪伴"也没那么难，甚至可以融入上学路上、购物途中、等待用餐等过程当中。

当然，以上建议更适用于发育正常且不存在发育行为障碍的宝宝。对于2～3岁的宝宝，活跃、冲动、注意力集中时间短等都是比较自然的，在3岁之前，家长不需要过度解读这些表现。但如果宝宝在4～6

岁的年龄段，还持续表现出专注力差且伴有好动和冲动，则建议家长咨询儿科医生，以排查注意缺陷多动障碍（ADHD），也就是俗称的"多动症"。对患有多动症的宝宝典型的描述是"他们从来没有一天安静下来，身体里像装了一个永不熄火的马达"，而且这样的行为会持续到上学的年龄。根据美国的流行病学统计数据，儿童多动症的发病率可能高达 5% 以上。当然，把这些宝宝筛查出来并给他们及时的诊断和治疗，也是儿科医生的职责。

ᘓ 006 "感觉统合训练"究竟是什么

感觉统合（Sensory Integration）是指不同感知觉所获得的信息在大脑中的整合加工，大多数宝宝的感觉统合能力会随着年龄增长而自然成熟。我们每个人都会自动地把视觉、听觉、味觉、嗅觉、本体感觉等信息在大脑中整合起来，形成一个综合的信息再进行处理，这个能力是随着年龄的增长而逐渐成熟的。

对于 1 ~ 3 岁的宝宝来说，随着生活体验越来越丰富，他们会逐渐学会对新的信息进行分析和处理，如果应对的方式恰当，也就表现为学会的技能越来越多。如跳皮筋、踢毽子、跳方格等我们小时候经常玩的游戏，其实都要求我们实时地处理新看到、听到、感知到的信息，并以控制肌肉运动的形式来做出回应。又如，当隔壁房间突然传来装修的噪声时，基于这种令人不愉悦的听觉信息输入，一个 6 月龄的婴儿可能会以哭闹作为唯一的回应形式，但一个 2 岁的宝宝可能会捂起耳朵或跑到别的房间来躲避噪声，成年人则很可能会继续做自己的事情而不受噪声的干扰。事实上，成年人并非听不见，只是有意识地在大脑中削弱了听觉频道输入的信号强度。这种处理信息的能力越强，对环境的适应能力就会越强。这就是感觉统合的表现。

所谓"感觉统合失调"（Sensory Integration Dysfunction），是一种发育性神经障碍。感觉统合失调的宝宝会对某些环境信号过于敏感或过于迟钝，以致无法综合处理信息并做出适当的反应动作或行为。他们可能表现为运动笨拙或经常跌到，由于不能把看到的台阶、感觉到的位置变化和速度等信息整合起来，他们上下台阶时就很容易摔倒、跳绳时容易把自己绊倒、学习骑自行车也会经常摔跤等。此外，感觉统合失调的宝宝也有可能表现为注意力难以集中、冲动或烦躁不安、自控力不强、难以适应新环境、学习困难或成绩差等。感觉统合失调是一种发育性的神经障碍，它可以单独存在，也可能合并自闭症、多动症等其他发育问题。

说到感觉统合训练，这其实是一个针对特殊教育或康复训练的概念。它对感觉统合失调的宝宝或其他发育障碍（多动症、自闭症等）都是非常重要的康复训练手段。但到目前为止，还并没有严谨的研究表明感觉统合训练或类似课程可以促进正常发育的宝宝的运动或学习能力，换言之，发育正常的宝宝其实并不需要系统性、高频率的感觉统合训练。

有不少早教中心或幼托机构等，都把感觉统合训练作为一个内容和卖点，有些甚至会宣称通过感觉统合训练可以加强认知、有助于宝宝情绪管理等。家长不妨把诸如滑滑梯、荡秋千、上下坡、平衡木练习等场景和早教内容当作对宝宝大运动、精细运动、协调能力等的自然推动。不可否认，它们对宝宝的快乐成长和综合发展有裨益，但没必要动辄贴上感觉统合训练的标签，因为这个听起来"挺玄"的标签本身是属于特殊教育的范畴，并不适合作为一项早教的常规内容被普及。

007 学龄前宝宝的社交属性

学龄前宝宝的能力发展日新月异，家长在和他们玩游戏的过程中也应该照顾到不同年龄宝宝的社交特点。

2 岁：完全从自己的需求和欲望出发来看世界。习惯"以自我为中心"，但由于认知能力还不足以建立同理心，因此并不代表"自私"的性格或品质。在活动中喜欢模仿他人的举止和活动，不论如何抗拒家长的命令，一旦扮演起父母，则完全模仿家长的行为。高质量早教环境可以让宝宝与其他宝宝自然地互动，但注意应尽量与固定伙伴玩耍同时家长要密切监控，保证安全。

3 岁：不再"自私"。对成年人的依赖逐渐减少，也标志着宝宝自我意识正在完善，安全感逐渐增强。与小伙伴一起游戏时会减少相互的争抢，慢慢学会相互忍让与配合，并开始通过分享、轮流、交换来解决纷争。虽然不一定每次都能成功，但家长需要多鼓励。作为家长，此时应在控制情绪方面给宝宝做榜样，要避免性情暴躁，更不要在宝宝面前发作情绪，否则他以后一旦遇到压力和挫折，就会模仿家长的宣泄方式，大发雷霆。

4 ~ 5 岁：朋友不再单单是玩伴。"别人家的孩子"的想法和行为开始影响自己，也就是开始出现所谓的"同伴压力"（Peer Pressure）。

他们仍然在不断地探索"好"与"坏"的概念。他们的道德观仍然极为简单，就是老老实实遵守规则，不一定是因为他们理解或赞同这些规则，很可能只是不想被惩罚。家长在对宝宝某些行为进行奖励或惩罚时，都应该清楚地告诉他们为什么会得到奖励或受到惩罚，表扬他们时也要具体、再具体。

每个宝宝都具备天然的社交属性，如果一个学龄前的宝宝主动与别人沟通的意愿不足的话，家长就需要警惕孤独症谱系障碍（Autism Spectrum Disorder, ASD），又称自闭症谱系障碍，简称孤独症。这是一种广泛性发育障碍，主要表现为社交互动障碍，常做一些刻板和重复性的动作，并且有特定的兴趣点。

首先必须澄清一个误区，那就是"孤独症的病因主要是父母与宝宝互动不够"。"不参加早教容易得孤独症"更是缺乏科学证据的，这种说法显然是把复杂的问题简单化了。目前很多流行病学研究都表明孤独症是遗传因素与环境因素共同作用的结果。如果家庭中有一个宝宝患了孤独症，那么其他兄弟姐妹患上某种类型的孤独症的概率也会明显升高，这恰恰说明遗传起了重要作用。

同时，孤独症本身是一个"谱系"障碍，而"谱系"二字表明我们对这些儿童不能一概而论。他们功能高低、表现轻重、症状被识别出的年龄及将来的预后都有很大的个体差异。如果确诊患有孤独症，则需要多学科的共同干预，理想状况下的康复治疗效果远远超过普通的早教。

虽然说孤独症的康复需要多学科的联合干预，无法通过单纯的早教来解决，但早教对于患孤独症宝宝的康复并非完全没有意义。首先，参加早教可以给家长（尤其是独生子女的家长）一个把自己的宝宝与其他宝宝做比较的机会，更容易让他们识别出宝宝的一些社交困难或预警信号。其次，早教作为一种相对比较自然的玩耍，对于小部分确实患有孤独症的宝宝在客观上是一种刺激丰富的体验，很可能在专业评估和确诊之前，就有助于一部分症状的改善。

患有孤独症的宝宝在 2 岁左右会有一些典型表现，主要有：眼神交流差；缺乏语言表达或语言发育迟缓（沟通意愿不足）；对家长的笑脸或其他表情缺乏回应（共情的缺乏）；很难对别人表达关心和同情；重复的身体动作（如不停拍手或摆手等）；很少玩假装游戏，或用不正常的重复方式使用玩具。

在 2 岁左右这个关键时期，如果家长担心宝宝可能存在任何发育方面的问题，都应该及时寻求儿科医生的帮助。美国儿科学会建议，在宝宝 18 ~ 24 月龄时，对每个宝宝都应进行孤独症的常规筛查。因为宝宝如果最终确诊为孤独症的话，那么系统性干预开始得越早，效果就会越好。

专栏十三

夏季护肤——
防晒与防蚊

钟华

卓正医疗皮肤科、医学美容医生
美国安德森癌症中心访问学者

001 为什么要防晒

随着人们健康意识的迅速提升，越来越多的人开始重视防晒，使用防晒霜的人也越来越多，但方法真的对吗？要想做到正确防晒，先要了解为什么要防晒。

来自太阳的紫外线根据波长的不同，可以分为三段——长波紫外线、中波紫外线和短波紫外线，其中，短波紫外线会被大气的臭氧层阻挡，不能到达地表。医院或餐厅用来消毒的紫外线灯，发射的都是短波紫外线，因为它有杀灭细菌的作用。长波紫外线也就是UVA，穿透性最强，一年四季不论晴天、雨天都可以到达地表，是引起皮肤老化最主要的紫外线。中波紫外线也就是UVB，也可以到达地表，但穿透能力稍弱，所以在夏季及每天10到14点之间，UVB的强度最高，也最容易晒伤皮肤。

紫外线对皮肤会产生什么样的影响呢？主要有四个方面。首先是晒黑。当紫外线照射到皮肤上时，会引发大量自由基的产生及炎症因子的释放和胶原蛋白的损伤，甚至皮肤DNA的断裂。这一系列信号都提示紫外线在对皮肤发起攻击。出于自我保护的本能，皮肤会产生大量的黑色素来吸收紫外线以抵御这些损害，肤色也会立即变得灰暗。基于这种自我保护机制，在接下来很长一段时间里，皮肤还会加班加点制造出更多的黑色素，以免下次被"打个措手不及"。这样"防御"的结果还会持续一阵子，也就意味着皮肤在晒后的几个月内都要比之前更黑。

其次是晒伤。这是正常皮肤经过暴晒后产生的一种急性炎症反应，通常表现为局部的红斑、水肿或灼痛，严重的还会出现水疱及色素沉着、脱屑等。春末夏初时这种情况比较多见，尤其好发于妇女和儿童。经常滑雪的人和水面工作者由于会接受到强烈的反射的阳光，也常被晒伤。皮肤晒伤的程度与光线的强度、照射时间、个体肤色、体质和种族等都有关系。导致晒伤的作用光谱是 UVB。比较轻的晒伤一般 2 ~ 3 天就能自然痊愈，但严重的可能要一周左右才能恢复。特别严重的晒伤，可以伴发结膜充血、眼睑水肿等，有些还会引起全身症状，如发热、畏寒、头痛、乏力、恶心等，最严重的则可能导致心悸、谵妄或休克。

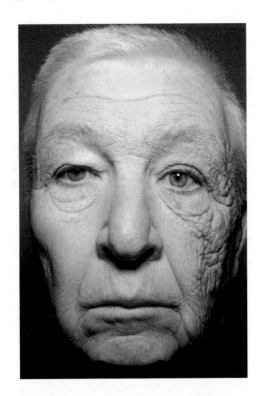

图 13-1　老司机的左、右脸对比

图片来源: Gordon J. R., Brieva J. C. Unilateral dermatoheliosis. New England Journal of Medicine. 2012, 366 (16): e25.

再次是皮肤光老化。皮肤的自然衰老跟其他器官的衰老一样，是不可避免的自然规律。但是由紫外线照射引起的光老化，却是可防、可控的。图 13-1 是一位老司机的脸，左侧脸由于常年受到大量紫外线的照射，和右侧脸相比至少老了 20 岁。这是一个非常经典的单侧光老化的病例，它非常形象地揭示出一个道理——紫外线可以加速皮肤老化。皮肤颜色不均匀、色斑、皮肤松驰及皱纹是皮肤光老化最常见的表现，如果已经出现这些问题，就更应该重视防晒。

最后是可能增加皮肤癌的发生风险。在老年人中非常常见的日光性角化，就被认为是癌前病变，而恶性黑色素瘤、皮肤鳞状细胞癌及基底细胞癌，也都被认为与紫外线照射有关。如果出现这样的皮肤损伤，应该及时就医。

～⌒ 002 如何防晒

要想有效防晒，首先，限制在阳光下活动的时间，尤其是上午 10 点到下午 4 点之间阳光最强烈的时候。其次，穿可以防止皮肤暴露在阳光下的衣服，如长袖衣裤、太阳镜、宽檐帽等。最后，也是更重要的，就是涂防晒霜。紫外线在折射或反射后，依然会有 1/3 以上的保留，在雪面、水面或沙滩上，这个比例会更高，所以在室外的时候，即使戴帽子、打伞或待在阴凉地，也无法完全阻挡紫外线，更不能代替涂防晒霜。

防晒霜推荐使用 SPF 值 15 ~ 30 甚至更高的广谱防晒霜，皮肤白皙的人可能需要更高的防晒系数。在户外活动时，至少每 2 小时重新涂抹一次。如果有出汗或是在水里，则需要使用防水型防晒霜，并按照使用说明的时间定时补涂。那防晒霜上标注的"SPF"是什么意思呢？这是显示被晒伤的时间倍数。也就是说，假设在没有防护的情况下，皮肤被某地某时段的阳光照射 30 分钟就可能被晒伤，那么涂上 SPF15 的防晒霜后，就需要 15 个 30 分钟才会被晒伤。不过，这只是一个理论数值，如果用量不足、被汗液稀释或被蹭掉，防晒效果就要大打折扣了。

什么是广谱防晒霜呢？它是指不仅可以防护 UVB，还可以有效防护 UVA 的防晒霜。防护 UVA 的能力通常会用"PA 指数"或"Broad Spectrum"来表示。不过和 SPF 一样，都只是理论值，实际效果会受到 UVA 实时剂量和有效涂抹量的影响。

防晒霜还分为物理防晒霜和化学防晒霜两种，那它们有什么区别呢？物理防晒霜运用的是反光离子，不需要被吸收，只是在皮肤上形成一层防护膜，皮肤的负担相对比较小，但缺点是颗粒往往比较大，涂在皮肤上显得泛白，比较油腻。化学防晒霜是使化学物质与细胞相结合，经皮肤吸收后来达到吸收部分波长紫外线的效果，使用起来肤感相对自然、清爽一些，但缺点是要涂抹 15 分钟之后才能够发挥作用。现在市面上卖的防晒霜多数是物化结合的。

新型的防晒霜怎么样呢？很多新型防晒霜用料表里面会提示使用了"麦色滤"，这种成分具有全波段的防晒能力，可以同时覆盖 UVA 和 UVB，所以防晒霜里需要添加的防晒成分的种类会更少，添加浓度也更低，也正因如此，用户体验感就大大改善了，涂起来既不黏腻也不泛白。但由于其上市时间比较短，长期应用的风险还不得而知。

了解了这么多关于防晒霜的知识，在实际生活中应该怎样选择呢？建议根据自己皮肤的类型、所在的环境及户外活动的时长等因素综合选择。如果是一个室内工作者，只是在上下班时有短时间在户外，那么使用"SPF15、PA+"的防晒霜可能就够了。如果是进行普通的户外活动，那么建议至少需要选择"SPF30、PA++"的防晒霜，并且要及时补涂。如果是在高原或海滩这种强紫外线地区活动，就需要使用更高倍数的防晒霜。如果在户外游泳，则需要使用高倍的防水型防晒霜，而且也要定时补涂。

婴幼儿的防晒跟成年人是不是一样的呢？通常建议 6 个月以内的宝宝以物理遮挡为主，6 个月以上的才可以涂抹防晒霜。

　　哪些防晒霜适合宝宝用呢？并非标注婴幼儿专用的就一定安全，家长要学会看成分。首选以二氧化钛和氧化锌为主要成分且不含香料、酒精、水杨酸等刺激性成分的物理防晒霜，最好还不含易致敏的防腐剂，如异噻唑啉酮、苯甲酸酯等。最好还能避开一些有争议的防晒成分，如羟苯甲酮和阿伏苯宗，有少数的学者认为这两种成分可能会干扰宝宝内分泌系统的发育，虽然这种观点目前没有得到证实，但在有更好选择的前提下，还是避开它们比较好。

　　目前在市面上 20 多种常见的婴幼儿专用防晒霜中，有的只含有二氧化钛，虽然可以有效防护 UVA，但对 UVB 的防护作用不足，有的含有多种防腐剂，有的还含有香料。当然，含有防腐剂和香料也不一定不能用，但在保证有效的前提下，成分还是越简单越好。

　　根据所含成分的不同，这里推荐四种相对安全有效，适合婴幼儿使用的防晒霜供家长参考，它们是 Badger 天然物理婴儿防晒霜（SPF30）、Ultrasun 婴儿物理温和防晒乳（SPF50、PA+++）、安热沙倍呵防晒乳（SPF34、PA+++）及 Wakodo 婴儿保湿防晒霜。当然，没有推荐并不代表就不好，家长还是要根据宝宝的不同需求自主选择合适的防晒霜。

　　既然防晒霜这么重要，那么究竟怎样使用才对呢？医生提示，最好在出门前 15 ~ 30 分钟涂抹防晒霜，因为化学防晒剂需要被皮肤吸收以后才能发挥作用。虽然像氧化锌、二氧化钛这样的物理防晒剂是不需要被吸收的，但大部分防晒霜都是物化结合的，因此还是提前涂抹效果会更好。

"足够的用量"是皮肤科医生反复强调的。美国 FDA 推荐一个中等身材的成年人和儿童，使用防晒霜时一次的全身用量为 1 盎司，相当于 28 毫升，涂抹整个面部大约需要一枚一块钱硬币大小的量。按此标准，家长可以对照一下，自己和宝宝使用的防晒霜剂量是不是足够呢？

有一些部位是很容易被遗忘的，包括耳朵、鼻子、嘴唇、颈部、手背及沿着发际线的皮肤，还有因脱发或头发稀疏而暴露的头部皮肤等，事实上，这些部位是同样需要涂抹防晒霜的。

水是比较弱的紫外线防护介质，30 厘米厚的水层，也只能减弱紫外线 20% ~ 40% 的强度，因此游泳的时候仍然需要涂抹防水型防晒霜。但实际上并没有完全防水的防晒霜，所有的防晒霜最终都会被水冲洗掉。标有防水字样的防晒霜必须注明在游泳或出汗的时候，该防晒霜的有效防护时间是多长，也就是间隔多久就需要重新涂抹。

阴天需要防晒吗？一般来说，云层是较弱的保护介质，除非是特别厚的乌云，普通的云层只能减弱紫外线 20% ~ 40% 的强度，所以阴天也是需要防晒的。

万一被晒伤了，应该怎样处理呢？首先，应第一时间做冷敷或洗冷水浴，同时要大量饮水，因为被晒伤后皮肤的温度升高，很容易引起脱水。其次，可以擦一些保湿霜，或者弱效的激素。如果皮肤很痛，也可以吃一点镇痛药，如布洛芬等。万一起了水泡，请千万不要把它弄破，这样容易引发感染。在后期脱皮的时候，可以涂一些润肤霜来保护皮肤。在刚刚被晒伤之后，一定要严格防晒，因为这个时候更容易被晒伤。

不推荐使用表面麻醉剂止痛，因为这样可能会掩盖一些症状。普通的晒伤是不需要去医院的，但如果发生以下情况，建议还是需要去医院进行处理：晒伤的地方起了面积比较大的水泡；伴有发烧或头痛等一些全身症状；家庭护理两天后未见好转，疼痛持续增加，甚至出现水肿、水泡或产生脓液等皮肤感染的征象。

∽∽ 003 科学防蚊的方法

蚊虫叮咬会引起不同的皮疹，对蚊虫唾液蛋白过敏的宝宝反应尤为剧烈，轻则皮肤红肿，严重的甚至会起水疱，奇痒难忍。除了引起皮疹，蚊虫还可能传播一些疾病，如常见的流行性乙型脑炎、莱姆病、疟疾、登革热等。

万一被蚊虫叮咬了怎么办呢？

首先，冷敷，用冰袋或冷毛巾湿敷都可以。冷敷可以迅速止痒，让炎症反应局限。

其次，可以常备一些药物，如炉甘石洗剂，它可以迅速止痒消肿，而且非常安全，孕妇和儿童都可以使用。糠酸莫米松乳膏和氢化可的松乳膏都是激素软膏，只是作用的强度不同，都可以快速缓解过敏性的炎症反应，但要注意不能用于皮肤破损处，而且连续使用时间都不宜超过1周。如果皮疹很多，瘙痒剧烈，还可以口服一点抗过敏药，例如，2岁以上的宝宝可以吃氯雷他定，6个月以上的宝宝可以吃西替利嗪。不过服药前一定要看清楚说明书，儿童和孕妇则需要医生面诊后再吃药。

对于蚊虫叮咬，预防才是关键。第一，物理阻隔是最靠谱的，在蚊虫最活跃的时间段，也就是黄昏和黎明时分尽量避免外出。传统的蚊帐和纱窗也不可抛弃，还要及时检查和修补门窗等可能的开口，以防蚊虫进入。如果在丛林活动，最好全副武装，穿长袖衣物、袜子和封闭式的鞋子，长裤最好扎进袜子里，全身着装呈浅色系，戴能够遮盖耳朵和颈部的帽子，面部覆以防蚊网，这样才能够非常完美地把蚊虫隔离在外。第二，改善居所环境，减少周围蚊虫生长。静止的死水是蚊虫滋生的最佳场所，所以及时疏通和排空房子屋顶或窗外的排水沟、檐槽等是很有必要的。院落或露天阳台要避免存放易存水的杂物，如轮胎等，将闲置的花盆倒置，避免积水——这些都是减少静止死水的具体方法。

最后，如果前面几条都做到了，可能还需要一些驱蚊产品。各种蚊香、电热灭蚊片或灭蚊液主要的有效成分都是菊酯类的物质，是一种属于低毒人工合成的杀虫剂，目前没有证据表明这类物质会对成年人或儿童的健康造成不良影响。一个 15 平米左右的房间，每晚使用 1 片电热灭蚊片就足够了。

驱蚊水的有效成分主要有四种：避蚊胺、埃卡瑞丁、驱蚊酯和柠檬胺。

避蚊胺又称 DEET，是一种被广泛使用的驱蚊剂。它通过让蚊虫感到不适而发挥作用，虫鱼类对其敏感，而人体不敏感。避蚊胺发明之初主要被用于农场杀虫，后来在美军丛林作战时又被士兵用来防蚊，都取得了很好的效果。再后来，避蚊胺作为安全、有效的防蚊成分被广泛应用，也得到美国儿科学会、梅奥诊所和美国环保局的联合推荐。

避蚊胺的驱蚊效力是四种常用驱蚊成分中最强的，常用浓度是 10%～30%，有效的防蚊时长可以达到 10～12 小时。可是不知从何时开始，我国的一些驱蚊水广告将它"妖魔化"了，说它是农药，对人体有害，甚至将"不含避蚊胺"作为销售的噱头，误导消费者。事实上，要想既有效又安全，目前还真没有哪种纯天然或纯植物的成分能够胜过"农药出身"的避蚊胺。

香茅油的驱蚊效果比较差，但是多数的驱蚊帖和驱蚊手环都会添加香茅油。新英格兰医学杂志曾经发表过一篇研究论文，认为驱蚊手环并没有实际的驱蚊效果，无论添加的是何种驱蚊剂，美国儿科协会也不建议使用驱蚊手环来为宝宝驱蚊。

还有哪些是无效的驱蚊方法呢？首当其冲的就是灭蚊灯，虽然常看到灭蚊灯周围有一大片蚊子尸体，但其中大部分是不吸血的，吸血的蚊子只占极少数，可谓是杀敌不够精准。还有一些号称超声波驱蚊、手机App驱蚊、天然植物驱蚊，或者生吃大蒜、口服维生素B等，都是不靠谱的驱蚊方法。另外，招不招蚊子跟血型也没有关系。

驱蚊剂在使用方面也有一些基本原则。第一，驱蚊剂不能涂抹于被衣物遮盖的部位，皮肤有破损的区域也不能使用。第二，进入室内以后，要清洗掉皮肤表面的驱蚊剂。第三，眼睛、口部的黏膜部位也不能接触驱蚊剂，因此，面部使用的时候，建议用手涂抹，不要直接使用驱蚊喷雾，以防止误吸。第四，儿童的手部不宜使用驱蚊剂，原则上2月龄以下的婴儿不建议使用驱蚊剂。

如果外出之前既要涂抹驱蚊剂，也要涂抹防晒霜，那该怎么正确使用呢？建议先涂防晒霜，20分钟以后再涂抹驱蚊剂，不建议使用防晒霜和驱蚊剂的混合制剂，以防止驱蚊剂使用过量。

专栏十四

拒绝蛀牙，
和牙医做朋友

邹红梅

卓正医疗齿科医生
四川大学华西医学中心硕士

∾001 讨厌的蛀牙

据统计，目前超过一半的 3 岁宝宝都有蛀牙，也就是医学上常说的"龋齿"。要做好蛀牙的防控离不开牙医的帮助，但现实中很多宝宝甚至家长都害怕看牙医，不能保证定期、规律的口腔检查，以致错过了最好的护牙时间。

我们来了解一下蛀牙到底长什么样。健康的乳牙，一颗一颗像小珍珠一样，洁白坚硬。蛀牙的表现是坚硬的牙齿表面变得像鸡蛋壳一样脆弱，一块一块剥脱，逐渐失去牙齿的正常形状，同时被蛀的部位还会发生颜色的改变，从白色变为棕黄色或黑色。儿童蛀牙发展非常快，很多家长都说从发现宝宝乳牙上有刷不干净的小点到被蛀坏一大片，过程只有短短几个月的时间，更有一些 2 ~ 3 岁的宝宝来看牙时，牙齿已经坏得只剩下牙根了。

有一种喜欢找上低龄儿童的特殊蛀牙，叫作"奶瓶龋"，主要是喂养习惯不当造成的，包括含奶瓶入睡、夜间奶瓶喂养或随时频繁地母乳喂养。还有一个特殊且令人讨厌的蛀牙类型叫作"猛性龋"或"猖獗龋"，是指短时间内龋齿突然发生，迅速发展，蛀坏口腔内大多数牙齿，造成大面积龋坏，甚至波及到牙髓。

猖獗龋的突然爆发一般是因为口腔环境处于严重失衡状态，并因疾病进展过程中某些因素的促进导致变得不可控制，所以才"猖獗"起来。当家长发现宝宝蛀牙数目较多时，要及时查找病因，分析是因为宝宝本身容易患龋齿还是长期忽视口腔卫生所造成的。虽然猖獗龋会发生在任何年龄的人身上，但它更喜欢找上儿童。

蛀牙有哪些危害呢？

第一，影响牙齿的美观。起初宝宝并没有什么感觉，反而家长会先发现宝宝的牙齿变黄、变黑，然后还会小块、小块地脱落。

第二，当蛀牙进一步向牙齿深部发展，甚至感染了牙髓时，宝宝就会感到牙痛，不敢吃东西。这时候的蛀牙就不仅是影响美观了，还会影响宝宝的咀嚼习惯和发音，甚至影响宝宝的心理，有些宝宝会因害怕别人看到自己的蛀牙而不敢开口笑。严重的情况下，还会影响恒牙的发育，这也是家长最为担心的。

有时家里的老人会说，"乳牙反正要换的，换出来的牙就是好的了"。这种观点其实是不对的，因为恒牙胚就长在乳牙的下方，乳牙不健康就不能为下方的恒牙胚发育提供一个健康的环境。

图 14-1 很直观地展示了乳牙及其下方恒牙胚的关系。如果上方的乳牙被蛀坏了，还引发了根尖周炎，就可能会影响恒牙胚的发育。轻微的影响包括恒牙釉质发育不全、表面结构破坏、颜色发黄等，严重的甚至可能改变恒牙的生长方向，导致后续牙列不整齐等。

早期蛀牙是需要治疗的，家长首先要树立这种观念，就是蛀牙可预防、可治疗、可控制，而且越早治疗，效果越好。早期蛀牙并不可怕，可怕的是不管它、放任它发展，如果出现后续的并发症，就会

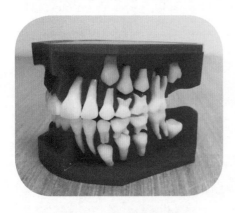

图 14-1　乳牙及恒牙胚

导致一系列的危害。

我国儿童蛀牙发生率非常高，2018 年发布的《第四次全国口腔健康流行病学调查报告》显示，3 岁组宝宝的患龋率高达 50.8%，也就是超过一半的 3 岁左右宝宝都有蛀牙。随着年龄增长，患龋率也在增长，4 岁组宝宝患龋率达 63.6%，5 岁组宝宝患龋率达 71.9%。与高患龋率相比，儿童龋齿的治疗率非常低，3 岁、4 岁和 5 岁组宝宝的治疗率分别为 1.5%、2.9% 和 4.1%，也就是说，100 个 5 岁的宝宝里有72 个宝宝有蛀牙，但接受治疗的宝宝不到 5 个。

如此低的治疗率是因为什么呢？一方面是家长没有重视蛀牙的危害，也不知道如何控制蛀牙的发生与发展，另一方面是家长觉得宝宝会害怕，认为宝宝没有办法配合医生治疗。

∾ 002 家长如何帮助宝宝预防蛀牙

首先，家长需要了解到底是什么原因引起的蛀牙。蛀牙是一种细菌感染性疾病，牙菌斑中的致龋细菌分解食物中的糖产生酸，酸长时间作用于牙齿导致无机物脱矿（脱矿指牙釉质在细菌产生的酸的作用下被逐渐溶解，导致钙离子流失、釉质结构变疏松的过程），有机物分解，最终形成龋洞，也就是人们常说的蛀牙。

刚出生的宝宝口腔内是没有致龋细菌的，致龋细菌一般在宝宝出生几个月后才慢慢开始出现。有研究表明，细菌可以由带养者通过亲嘴巴或共用餐具等行为传播给宝宝，因此，带养者定期清洁和检查口腔，不要亲宝宝的嘴，不和宝宝共用餐具，都可以有效避免宝宝口腔中过早出现致龋细菌。

　　不过，即使很小心，宝宝口腔内也还是会逐渐有致龋细菌定植。所谓定植，就是指致龋细菌从不同途径进入宝宝口腔并黏附在牙齿尤其是新牙上，依靠不断供给的营养物质，如致龋细菌最喜欢的糖，生长和繁殖，并对牙面产生影响。所以，要预防婴幼儿蛀牙需要做到以下3点：①好好刷牙，把牙菌斑清除干净；②养成良好的进食习惯，少给致龋细菌"吃糖"；③定期带宝宝看牙医，用涂氟、窝沟封闭等措施预防蛀牙。

　　家长在帮助宝宝预防蛀牙方面，最重要的预防手段就是刷牙。在宝宝出牙前和牙齿刚冒出来时，家长可以用纱布擦洗宝宝的口腔和牙齿。在牙齿完全长出来后，就建议选择小头软毛且刷毛为尼龙材质的牙刷给宝宝刷牙，同时仍可以继续使用纱布和棉签清洁。不建议使用硅胶牙刷、海绵牙刷和指套牙刷，因为这些牙刷清洁效果有限，不能很好地去除牙菌斑。家长给宝宝刷牙要注意使用正确的姿势，保证宝宝刷牙安全、有效、舒适。

图 14-2

　　宝宝出牙后就可以用软硬合适的尼龙毛婴幼儿牙刷蘸取极少量儿童含氟牙膏（含氟量500～1100ppm，用量小于大米粒大小或薄薄一层）给宝宝刷牙。建议使用双人膝对膝姿势（Knee-to-Knee），即两位家长对膝而坐，宝宝面对一位家长并骑跨在其腰部，头枕在另一位家长的膝盖上，然后第一位家长用肘部抵住宝宝的腿，用手扶住宝宝的手，第二位家长则一手扶住宝宝头部，一手为宝宝刷牙（见图 14-2）。如果只有一位家长给宝宝刷牙，可以使用单人固定法（见图 14-3）。

对于 3 ~ 7 岁的宝宝，建议家长站在宝宝的后面，让宝宝的头靠在家长的一侧手臂上，家长顺势用这只手揽住宝宝的脸颊，同时用另一只手为宝宝刷牙（见图 14-4）。在给宝宝使用牙线时，这个姿势也同样适用。

有些宝宝喜欢自己刷牙，家长可以鼓励宝宝自己刷，但要辅助检查和补刷。因为宝宝在会自己系鞋带之前，也就是 7 岁左右，手一般都不够灵巧，还不能很好地把牙齿刷干净，需要家长代劳或协助。当 7 岁以后宝宝能自己刷牙时，家长也还需要监督他们每天刷牙 2 次，每次至少 2 分钟。

说到刷牙时间，有的家长说给 1 岁左右的宝宝刷牙 2 分钟太难了。其实刷牙时间也是因人而异的，刷牙时长与宝宝的牙齿数目、配合程度、家长的熟练程度等都有关系。

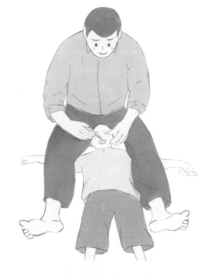

图 14-3

图 14-4

专栏十四　拒绝蛀牙，和牙医做朋友

239

6 ～ 12 月龄的宝宝牙数较少，每次刷牙可能不到 1 分钟就能把所有牙齿刷干净，随着牙数增多，宝宝也会逐渐出现各种不配合，如抢牙刷或逃跑等，在这个需要斗智斗勇的阶段，每次刷牙时间至少要 5 分钟以上，而有效刷牙时间需在 2 分钟左右。

给宝宝刷牙已经学会了，那该给他们选择什么样的牙膏呢？简单来说有两点要求，一是含氟，二是儿童牙膏。我国推荐儿童使用含氟浓度在 500 ～ 1100ppm 的牙膏，即含氟化物 0.05% ～ 0.11%。推荐家长选择有明确含氟浓度标识的儿童含氟牙膏，例如，某种儿童牙膏标注含氟化物 0.05% 或 500ppm，这样的牙膏家长就可以选择使用。3 岁以下儿童每次用量应小于大米粒大小，也可以根据宝宝的牙数不同来酌情调整，在宝宝有 8 颗牙时每次用 1/3 米粒大小即可，有 16 颗牙时可调整到 4/5 米粒大小，3 岁以上儿童每次牙膏用量为豌豆大小，6 岁以上儿童可以使用成人含氟牙膏刷牙。

在刷牙方法上，建议使用改良 BASS 刷牙法，确保每颗牙、每个牙面都能刷到。刷牙齿的唇面和舌面时，需要让牙刷和牙龈边缘成 45 度角，通过轻微颤动将牙龈边缘的软垢刷干净。刷前牙内侧时，需调整牙刷到竖直状态上下刷，乳磨牙咬合面则应来回刷。两颗牙齿相邻的地方也需要清洁，这里非常容易形成蛀牙，而牙齿邻面清洁就需要使用到牙线。宝宝使用牙线比成人更重要，尤其上前牙邻面及第二乳磨牙长出后，两颗乳磨牙相接触的地方，家长需每天至少使用 1 次牙线帮宝宝清洁牙齿邻面。

什么样的进食习惯有助于牙齿健康呢？简单来说，就是少给致龋细菌"吃糖"。白天需要控制甜食和饮料的进食频率在每天 3 次以下。夜间唾液分泌减少，不能像白天一样经常冲洗口腔，食物的糖分更容易附着在牙面上，所以如果睡前要喝奶，一定要在喝完奶后清洁口腔或刷牙。在宝宝1岁后，无论喝奶粉还是母乳喂养，都要逐步戒除夜奶的习惯。

宝宝在1岁半之前应戒除奶嘴奶瓶喝奶，改用吸管或敞口杯喝奶。因为长期使用奶瓶可能会影响宝宝上下牙齿的正常咬合，上下颌骨及唇部发育也都会受到影响。不正确的奶瓶喂养姿势和长期使用安抚奶嘴都可能导致乳牙反合、开合或深覆盖等错颌畸形。改用吸管或敞口杯可以帮助宝宝从婴儿式吞咽转变为成人式吞咽，从而降低错合畸形的风险。

宝宝应该从什么时候开始看牙医呢？美国儿童牙科学会建议宝宝从第一颗牙齿萌出后6个月内第一次看牙医，最晚不晚于1岁。龋齿是一个完全可以预防的疾病，不要等到有了龋齿才去看牙医。

∽∾ 003 宝宝不配合刷牙怎么办

防龋无捷径，唯有靠刷牙。可是给宝宝刷牙或让宝宝自己刷牙，还要保证刷得干净，这看似简单的事情却常常给家长带来挫败感，不仅宝宝会不解、反抗甚至怨恨，还会影响亲子关系，到最后可能也还是没能阻止蛀牙的发生。

事实上，3岁以下的宝宝刷牙配合度一般都较差，并不是只有某一个宝宝特别倔。那家长应该怎么做才能刷好宝宝的牙，并且让他稍大一些时能主动配合刷牙呢？

在现实生活中，有些宝宝是在看到自己的蛀牙不好看，感受到自己的蛀牙带来了痛苦或经历过补牙的不适后，才真正意识到要好好刷牙，要保护好牙齿的。

那么，在宝宝还不能自己理解保护牙齿重要性的时候，家长和医生就应传递给宝宝这样一种信念——牙齿很重要，宝宝应该高高兴兴地刷牙，期待定期看牙医并认真听从医生的建议。家长可以陪宝宝看一些关于牙齿的绘本、动画片等，或者带宝宝参加小小牙医的活动，熟悉看牙过程。同时，要认真学习不同时期给宝宝刷牙的正确姿势、方法，并购买合适的牙刷和牙膏。在宝宝情绪不佳、不愿刷牙时，家长可以暂时用一些替代的方法来度过这一"危险时期"，例如，多吃青菜、水果，少吃甜食，少喝饮料，多漱口等。在这期间要细心地观察宝宝，分析他反抗的原因到底是什么，是想要自己刷牙的欲望没有得到满足？是不喜欢这款牙膏的味道？是对刷牙这件事缺乏兴趣？还是刷牙力度过大或方式不对弄疼他了？只有找到宝宝不配合刷牙的原因，接纳宝宝的情绪，解决宝宝面临的问题，才能让宝宝配合刷牙。

宝宝每天都在给我们惊喜，所以刷牙这件事，家长最好不要强迫宝宝，让他们感到枯燥和无助，相反，要常常和宝宝互动，多给宝宝惊喜和欢乐，尤其是对于 3 岁以下的宝宝。总之，家长要坚定一个目标，那就是要把宝宝的牙刷干净，没有蛀牙则预防蛀牙，有了蛀牙则减慢其发展，实施起来就是学习并使用正确的刷牙姿势和方法。面对每天都在长大的宝宝，法无定法，只需细心观察，随时调整战术，但战略不变。温柔而坚定，理性又多些愉快，坚持将刷牙进行到底。

如果排除了各种让宝宝不舒服的原因，用了正确的姿势和方法，宝宝刷牙还是会大哭，那家长只需要温和地坚持就可以了。有些宝宝虽然每次刷牙都会哇哇大哭，但是一刷完就会一骨碌翻身走了，并不会一直不开心，也有一些宝宝在家长坚持一段时间之后就会接受刷牙了。家长越温和而坚定，宝宝越容易接受刷牙。

004 牙医如何帮宝宝预防蛀牙

有没有蛀牙，需要牙医来判断。牙齿表面看上去还好并不能断定为没有蛀牙。家长直观地看，只能看到牙齿的颜色，要想判断有没有蛀牙，还需要检查牙齿的质地。另外，牙齿的舌面仅凭肉眼是看不清的，需要牙医用小镜子去看。即使儿科医生检查过宝宝的牙齿，也不敢断定没有蛀牙，一定要由牙医来判断。

如果宝宝没有蛀牙，那看牙医还能有什么其他帮助呢？首先，通过牙医评估，家长可以知道宝宝蛀牙的风险高不高，有哪些高风险因素要避免，有哪些保护因素要加强；其次，家长可以进一步巩固学习如何清洁宝宝的牙齿及评估刷牙效果，不少家长在看过牙医后会发现刷牙刷得并不到位；再次，必要时可以选择给宝宝涂氟或做窝沟封闭来预防蛀牙；最后，让牙医与家长及宝宝建立良好的关系，为宝宝以后不怕看牙医打好基础。

牙医评估宝宝的蛀牙风险后，会通过涂氟和窝沟封闭来帮助宝宝预防蛀牙。那么，涂氟对预防蛀牙有哪些作用呢？首先，氟可以促进牙齿再矿化，帮助脱矿的牙齿自我修复；其次，氟可以增加牙釉质的抗酸性，使牙齿不容易被酸腐蚀；最后，氟还能抑制致龋菌产酸。因此，合理地用氟可以有效预防蛀牙。美国儿科学会建议，从宝宝牙齿萌出，就可以开始定期涂氟了。牙医会根据宝宝的蛀牙风险来决定涂氟频率，一般高蛀牙风险的宝宝每 3 个月一次，低蛀牙风险的宝宝每 6 个月一次。涂氟保护漆和使用含氟牙膏一样，是局部补充氟的一种方式，其他局部用氟的方式还有使用含氟漱口水、含氟凝胶、含氟泡沫等。涂氟保护漆的优点包括操作简单、氟保护漆与牙齿黏结性好、误吞量低、安全有效、使用次数少等，是最适合低龄儿童用氟的方式。世界卫生组织推荐 6 岁以下儿童使用氟保护漆来预防龋齿，美国儿童牙科协会也提出，"氟保护漆是 6 岁以下儿童唯一推荐的局部用氟方式"。有时候小朋友在幼儿园也会接受涂氟，通常是用氟化泡沫。这需要宝宝有一定的配合度，如果配合不好，效果也是不能确定的。很多家长认为宝宝涂过氟了就不用看牙医了，这个想法是错误的，涂氟只是预防蛀牙的一种方式，而牙医会综合评估宝宝的口腔情况，采取更有针对性的综合防蛀牙措施。

那么，窝沟封闭又是什么呢？每个人口腔内磨牙的咬合面，也就是咀嚼食物的一面，是凹凸不平的，凹陷的部位就叫窝沟。有些牙齿的窝沟非常窄而深，食物和细菌很容易嵌塞进去，即使认真刷牙也无法完全清洁干净，最终导致蛀牙。窝沟封闭就是将树脂或玻璃离子材料涂布在这些窄而深的窝沟上，让它们流入并渗透到窝沟里，然后固化变硬，形成一层保护性的屏障，将窝沟封闭起来，防止细菌和酸性代谢产物的侵入，从而达到预防窝沟龋齿的效果。一般来说，乳磨牙窝沟封闭的最佳年龄是 3 ~ 4 岁，第一恒磨牙是 6 ~ 8 岁，第二恒磨牙和前磨牙是 11 ~ 13 岁。现在很多城市都有针对一二年级的 6 ~ 8 岁儿童的免费窝沟封闭的民生项目，目的就是预防第一恒磨牙的窝沟龋齿。

蛀牙风险评估、口腔卫生宣教、早发现蛀牙、涂氟和窝沟封闭、与牙医建立良好的关系等，都是看牙医的内容，而不是大家传统印象中的有蛀牙了、牙齿痛了才需要看牙医。

~5 005 看牙并不可怕

宝宝越早开始规律看牙，所需的操作就越简单，对宝宝的配合能力要求也越低。舒适、愉悦的看牙经历，可以帮助宝宝形成健康、积极的口腔态度。如果做到从宝宝出牙起就做好护理，并每 3 ~ 6 个月定期进行口腔检查，那宝宝会很容易适应看牙的过程。从临床经验来看，2 岁以上的宝宝中，已经有一部分能不哭不闹地配合涂氟，3 岁以上的大部分宝宝都能配合窝沟封闭和简单补牙，4 岁以上的绝大部分宝宝对所有项目都可以配合。

根据宝宝牙齿的情况，所需的防治措施分三级：一级是涂氟和窝沟封闭，二级是补牙，三级是牙髓治疗甚至拔牙。蛀牙每严重一级，操作中的不适和疼痛感就会增加，就需要宝宝更多的配合，因此，定期看牙、预防为主和早期治疗至关重要。

一级防治措施涂氟在宝宝长牙后就可以开始进行。选择有温馨的环境和亲切温柔的医生、护士的医疗机构，有益于宝宝与牙医建立信任。

3 岁以下的宝宝看牙时通常不是坐在牙椅上，而是家长和牙医对膝而坐，宝宝躺在两人的腿上，家长握住宝宝的小手，医生给宝宝操作。涂氟操作简单、快速而且不痛，医生只需使用牙刷或专业工具清洁宝宝牙面的菌斑软垢，再使用棉球或棉签擦干牙面，最后用小刷子将氟均匀涂布在牙面上即可。

3 岁左右的宝宝乳牙已经出齐，如果乳磨牙窝沟较深就需要通过窝沟封闭来预防窝沟龋齿。医生需要先清洁牙齿，再涂布窝沟封闭剂。整个过程中防止唾液污染是成功的关键，因此推荐选择使用橡皮障的医疗机构。橡皮障隔湿效果更好，窝沟封闭剂不容易脱漏，操作也更安全、舒适。大部分 3 岁以后的宝宝已经有能力自己配合窝沟封闭操作了。

二级防治措施是补牙。补过牙的家长都知道，牙医用机器磨去坏牙时，光声音就很吓人，牙齿也被磨得酸酸的，很难受。其实，如果蛀牙只坏到牙齿的第一层釉质层，打磨牙齿是不会酸痛的，因为釉质层内感觉神经很少。但如果坏到牙齿的第二层牙本质层，就可能会引起酸痛。这里再次强调一下，早看牙很重要。宝宝对看牙的焦虑很大一部分是因为不熟悉，牙科医生常用"Tell-Show-Do"技术来缓解，也就是先解释，再演示，最后再操作。Tell 就是用宝宝听得懂的语言来解释将要进行的操作，如打磨牙齿用的牙科手机，医生会说和电动牙刷一样，是在给牙挠痒痒；Show 就是在不让宝宝害怕的情况下，向他们展示这个操作是怎么样进行的，如把安了小毛刷的牙科手机在医生或宝宝的手上转一转，让宝宝感受声音和转动；Do 就是操作，宝宝知道接下来要做什么，也就不会那么紧张了。

在口腔操作的过程中，宝宝不能说话，可能会有失去控制状态的害怕，这时可以通过一些措施来增加宝宝的控制感，如让宝宝通过举手和牙医交流，口内有水举左手，感到不舒服举右手，等等。宝宝一举手，医生就会马上停下手中的操作，这样能带给宝宝一定的控制感，他往往就没有那么紧张了。

在整个看牙过程中，分散注意力也是常用的方法，如看牙时播放宝宝喜欢的动画片，大部分宝宝都非常珍惜这个看动画片的机会，宝宝认真看动画片，这样也就分散了宝宝聚焦在看牙不舒服上的注意力。

前两个阶段的牙科操作不会太不舒服，医生主要需要缓解宝宝的紧张情绪。可到了第三阶段牙髓治疗，由于牙齿会疼，看牙肯定也会不舒服，这时候就需要用到局部麻醉。局部麻醉，就是用麻醉药暂时阻断某个区域的痛觉。局部麻醉的麻醉药只作用于局部，只要宝宝对麻药不过敏，用量又在安全范围之内，就是非常安全的。

如果宝宝去的牙科有STA无痛麻醉仪，疼痛感会更轻。这个仪器的注射部位像一支写字的笔，可以减少宝宝对针筒的恐惧。仪器用计算机控制给药压力和速度，减少了注射药液的压力引起的疼痛。对于特别焦虑的宝宝，也可以采取镇静或全麻的方式来减少对牙科治疗的恐惧。

当诊疗结束后，家长要对宝宝表现好的地方提出表扬，可以说"你今天嘴巴张得很大，让医生看得很清楚，这一点很棒！"宝宝表现不好的地方也要指出来，并明确表示希望以后可以改进，如"今天你的头动来动去，让医生看不见蛀牙了，下次要头不动，帮助医生找到蛀牙哦"。然后要强调口腔治疗后宝宝的获益，"今天我们把这个牙齿治好了，你看小牙变得多白、多漂亮、多开心！"最后要再次强调清洁口腔、定期看牙及保护牙齿的重要性。

∽006 帮助宝宝配合看牙，家长应该怎样做

如果只是常规的口腔检查和保健治疗，家长只需带宝宝做些简单的准备工作，让宝宝认识牙齿，对看牙产生兴趣，如陪宝宝读关于牙齿的绘本、看看牙医的动画片等。也有些医疗机构有小牙医的活动，可以让宝宝先熟悉牙齿、牙医、牙科诊室，然后在宝宝身体状况较好，精神状态也比较放松的时候，带宝宝去就好了。如果宝宝在家已经能比较配合

刷牙，那看牙医一般也不会有问题。

到了需要补牙的第二阶段，家长可以了解一些儿童牙科的常用操作，在家帮助宝宝提前熟悉。例如，可以玩模拟看牙的游戏，再配上一些解释的语言，"医生会用一个小枕头（也就是开口器）帮助打开牙齿，然后会给牙齿穿上小雨衣（也就是带上橡皮障），现在要用小花洒给牙齿洗个澡，小象过来用鼻子吸一吸水，吹风机过来给牙齿吹吹干。现在要给牙齿挠痒痒了，机器会嗡嗡响，不用害怕，医生轻轻地挠，把牙齿上的小黑虫挠走，让牙齿变得白白的"等。在宝宝需要补牙前，家长正确的做法是温和而坚定地解释看牙的必要性，可以说"健康的牙齿更漂亮，吃饭也更香""你看妈妈看了牙医后，牙齿变得好漂亮，牙医也会帮你把牙齿变白、变漂亮的"等。

到了需要做牙髓治疗的第三阶段，家长的准备就比较复杂了。家长需要先向医生了解有哪一些微创和无痛的选择，熟悉操作的过程会非常有帮助。家长陪伴宝宝做牙科治疗通常能够让宝宝更安心，但一些不当的做法会让宝宝更焦虑。首先，在治疗前家长需要控制自己的紧张与焦虑，不要当着宝宝的面说"医生打麻醉是不是很痛""根管治疗好痛"这一类的话。其次，要避免使用不恰当的保证，如"看牙一点都不痛""让医生看一眼就好了"等，也不能吓唬宝宝，不能说"再不听话就让医生把你的牙拔了""看牙不听话就打针"等。最后，要尽量避免简单重复医生的话，如"张开小嘴巴""舌头不要动"，还要避免打断医生说话、避免分散医生和宝宝的注意力，不要在治疗中提各种问题或对宝宝说"等会儿给你买玩具"等，这样都会干扰医护与宝宝一对一的交流。带宝宝看牙时，尽量让不害怕看牙的家长陪诊，当治疗开始之后，大多数时间家长什么都不需要做，只要在指定的地方安静地坐着就好了。

在诊疗结束后，家长可以好好夸奖宝宝，可以表扬他很勇敢，也可以表扬小牙齿变得真漂亮，但不建议过多使用物质奖励或诱惑。要让宝宝认识到，看牙其实是在帮助自己，家长和牙医也都是在帮助自己的牙齿恢复健康，这本身已经是最好的奖励了。牙齿变美观、疼痛消除、咀嚼能力增强也是宝宝能直观感受到的，让宝宝自己去体会这些美好的感觉，意识到保护牙齿的重要性，感觉到自己的付出是在帮助自己，看牙就会越来越顺利，回家刷牙也会越来越积极、认真。

希望通过我们的努力，让宝宝不再受蛀牙的困扰，健康成长！

专栏十四　拒绝蛀牙，和牙医做朋友